Einstern

Mathematik für Grundschulkinder

4

Themenheft 3

✦ Multiplikation und Division bis 1 000 000

✦ Geometrie Teil 1 – Geodreieck, Symmetrie

Erarbeitet von Roland Bauer und Jutta Maurach

In Zusammenarbeit mit der Cornelsen Redaktion Grundschule

Cornelsen

Einstern 4

Mathematik für Grundschulkinder
Themenheft 3

Multiplikation und Division
bis 1 000 000

Geometrie Teil 1 –
Geodreieck, Symmetrie

Erarbeitet von:	Roland Bauer, Jutta Maurach
Fachliche Beratung:	Prof'in Dr. Silvia Wessolowski
Fachliche Beratung exekutive Funktionen:	Dr. Sabine Kubesch, INSTITUT BILDUNG plus, im Auftrag des ZNL TransferZentrum für Neurowissenschaften und Lernen, Ulm
Redaktion:	Peter Groß, Agnetha Heidtmann, Uwe Kugenbuch
Illustration:	Yo Rühmer
Umschlaggestaltung:	Cornelia Gründer, agentur corngreen, Leipzig
Layout und technische Umsetzung:	lernsatz.de

fex steht für *Förderung exekutiver Funktionen*. Hierbei werden neueste Erkenntnisse der kognitiven Neurowissenschaft zum spielerischen Training exekutiver Funktionen für die Praxis nutzbar gemacht. **fex** wurde vom **ZNL TransferZentrum für Neurowissenschaften und Lernen** (www.znl-ulm.de) an der Universität Ulm gemeinsam mit der **Wehrfritz GmbH** (www.wehrfritz.com) ins Leben gerufen. Der Cornelsen Verlag hat in Kooperation mit dem ZNL ein Konzept für die Förderung exekutiver Funktionen im Unterrichtswerk *Einstern* entwickelt.

Bildnachweis

31, 32, 37, 39, 40, 45, 47 Fotolia/Jonathan Werner **36** (Zebrastreifen) Fotolia/eyetronic, (Jägerzaun) Fotolia/driendl, (Bahngleis) Fotolia/Torsten Dietrich **38** (Geodreieck) Fotolia/Jonathan Werner, (Lineal) Fotolia/alexcrysman **43** bpk-images/CNAC-MNAM/Jacqueline Hyde © VG Bild-Kunst, Bonn 2016 **44** (Altstadt Hannover) Fotolia/Mapics, (Fachwerkhaus Mainz) Fotolia/Branko Srot, (Zeichnung Fachwerkhaus) Laila Aburawi **53** (Windmühle aus Stein) Fotolia/wjarek, (Schneeflocke) Fotolia/senoldo, (Vorfahrtsstraße) Fotolia/reeel, (gelbes Windrad) Fotolia/cristovao31, (Spielkarte) Fotolia/euthymia, (Fensterrose) akg-images/Gerard Degeorge, (Einfahrt verboten) Fotolia/ftrouillas, (Windräder) Shutterstock/pedrosala, (Kreissäge) Fotolia/iuneWind, (Weihnachtsstern) Fotolia/Conny Hagen, (Windmühle) Fotolia/swisshippo

www.cornelsen.de

1. Auflage, 1. Druck 2017

Alle Drucke dieser Auflage sind inhaltlich unverändert
und können im Unterricht nebeneinander verwendet werden.

© 2017 Cornelsen Verlag GmbH, Berlin

Druck: Parzeller print & media GmbH & Co. KG, Fulda

ISBN 978-3-06-081927-0
ISBN 978-3-06-084232-2 (E-Book: alle Themenhefte Einstern 4)

PEFC zertifiziert
Dieses Produkt stammt aus nachhaltig
bewirtschafteten Wäldern und kontrollierten
Quellen.
www.pefc.de

PEFC/04-31-1308

Inhaltsverzeichnis

Multiplikation und Division bis 1 000 000

Mit Zahlen bis 20 multiplizieren und dividieren

Einmaleinsaufgaben wiederholen .... 6 ☐

Einmaleinsaufgaben üben .... 7 ☐

Aufgaben aus dem großen Einmaleins kennenlernen .... 8 ☐

Aufgaben aus dem großen Einmaleins lösen .... 9 ☐

Mit Zahlen zwischen 10 und 20 multiplizieren .... 10 ☐

Vielfache bestimmen und untersuchen .... 11 ☐

Vielfache finden .... 12 ☐

Teiler bestimmen und untersuchen .... 13 ☐

Teiler finden .... 14 ☐

Große Zahlen multiplizieren und dividieren

Halbschriftlich multiplizieren .... 15 ☐

In mehreren Schritten multiplizieren .... 16 ☐

Halbschriftlich dividieren .... 17 ☐

In mehreren Schritten dividieren .... 18 ☐

Mit Stufenzahlen multiplizieren .... 19 ☐

Mehrstellige Zahlen multiplizieren .... 20 ☐

Das Multiplizieren mehrstelliger Zahlen üben (1) .... 21 ☐

Das Multiplizieren mehrstelliger Zahlen üben (2) .... 22 ☐

Stufenzahlen dividieren .... 23 ☐

Das Dividieren durch mehrstellige Zahlen üben (1) .... 24 ☐

Das Dividieren durch mehrstellige Zahlen üben (2) .... 25 ☐

Mehrstellige Zahlen halbschriftlich multiplizieren .... 26 ☐

Mehrstellige Zahlen halbschriftlich dividieren .... 27 ☐

Multiplikation und Division bei Sachaufgaben anwenden ...... 28/29 ☐

Geodreieck

Rechte Winkel kennenlernen

Die Begriffe „rechter Winkel" und „senkrecht" kennenlernen ..... 30 ☐

Das Geodreieck kennenlernen .... 31 ☐

Rechte Winkel und zueinander senkrechte Strecken zeichnen .. 32 ☐

Rechtecke und Quadrate zeichnen .... 33 ☐

Rechte Winkel erkennen und zeichnen .... 34 ☐

Mit dem Geodreieck Zeichnungen überprüfen .... 35 ☐

Parallele Linien kennenlernen

Zueinander parallele Linien entdecken .... 36 ☐

Zueinander parallele Linien finden .... 37 ☐

Zueinander parallele Linien zeichnen .... 38/39 ☐

Mehrere zueinander parallele Linien zeichnen .... 40 ☐

Parallele Linien finden .... 41 ☐

Parallele Linien zeichnen .... 42 ☐

Mit Parallelen Bilder gestalten .... 43 ☐

Strukturen von Fachwerkbauten erkennen und zeichnen .... 44 ☐

Symmetrie

Mit achsensymmetrischen ★ Mit dem Geodreieck die Symmetrieachse finden .... 45 ☐

Figuren umgehen ✳ Symmetrieachsen einzeichnen .... 46 ☐

★ Mit dem Geodreieck die Spiegelfigur zeichnen .... 47 ☐

★ Mit dem Geodreieck Bild und Spiegelbild zeichnen .... 48 ☐

★ An zwei Achsen nacheinander spiegeln .... 49 ☐

★ An mehreren Achsen nacheinander spiegeln .... 50 ☐

✳ Symmetrische Figuren zeichnen .... 51 ☐

Mit drehsymmetrischen ✳ Drehsymmetrische Figuren erzeugen .... 52 ☐

Figuren umgehen ✳ Drehsymmetrische Figuren untersuchen .... 53 ☐

✳ Drehsymmetrische Figuren erkennen und zeichnen .... 54 ☐

✳ Drehsymmetrische Figuren zeichnen .... 55 ☐

✳ Achsen- und drehsymmetrische Figuren unterscheiden .... 56 ☐

1 Wie rechnest du die Aufgabe 9 · 8? Vergleiche mit anderen Kindern.

2 Löse die Aufgaben. Schreibe immer eine Zerlegungsaufgabe wie in den Beispielen der Kinder dazu, auch wenn du das Ergebnis auswendig weißt. Vergleiche deine Hefteinträge mit denen anderer Kinder.

a) 7 · 6 = ☐ _____

   9 · 5 = ☐ _____

b) 8 · 7 = ☐ _____

   9 · 4 = ☐ _____

3 Fülle die Tabellen aus. Vergleiche in jeder Tabelle die Summen oder die Differenzen. Finde eine Erklärung. Besprich deine Überlegungen mit einem anderen Kind.

a)

·	1	2	3	4	5	6
5	5	10				
4	4	8				
Summe	9	9	18			

b)

·	2	4	5	7	9	10
2						
6						
Summe	8					

c)

·	1	3	5	8	9	10
8						
2						
Differenz	6					

d)

·	1	2	5	6	7	8
9						
2						
Differenz	7					

* wenden die Zahlensätze des kleinen Einmaleins automatisiert und flexibel an
* nutzen und erklären Rechenstrategien und vergleichen und bewerten Rechenwege

→ Ü Seiten 25 und 26

1 Färbe alle Ergebniszahlen, die in beiden Tabellen vorkommen.
Lies jeweils die zugehörigen Multiplikationsaufgaben ab und
schreibe die passenden Umkehraufgaben auf.

·	2	6	8	4	9	3
1	2	6	8	4	9	3
3	6	18	24	12	27	9
6	12	36	48	24	54	18
8	16	48	64	32	72	24
9	18	54	72	36	81	27

·	4	5	6	8	9	3
2	8	10	12	16	18	6
4	16	20	24	32	36	12
7	28	35	42	56	63	21
5	20	25	30	40	45	15
10	40	50	60	80	90	30

Seite 7 Aufgabe 1

$6 : 6 = 1$

$6 : 1 = 6$

$6 : 3 = 2$

$6 : 2 = 3$

...

2 Löse die Aufgaben. Finde selbst weitere Paare.

a)

$2 \cdot 2 = \boxed{4}$

$1 \cdot 3 = \boxed{3}$

$5 \cdot 5 = \boxed{}$

$4 \cdot 6 = \boxed{}$

$8 \cdot 8 = \boxed{}$

$\boxed{} \cdot \boxed{} = \boxed{}$

$3 \cdot 3 = \boxed{}$

$2 \cdot 4 = \boxed{}$

$6 \cdot 6 = \boxed{}$

$5 \cdot 7 = \boxed{}$

$9 \cdot 9 = \boxed{}$

$\boxed{} \cdot \boxed{} = \boxed{}$

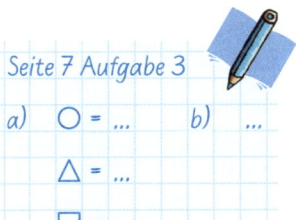

So findet man die Erklärung.

$4 \cdot 6 = 24$

$5 \cdot 5 = 25$

b)

$42 : 7 = \boxed{}$

$40 : 8 = \boxed{}$

$72 : 9 = \boxed{}$

$70 : 10 = \boxed{}$

$30 : 6 = \boxed{}$

$28 : 7 = \boxed{}$

$90 : 10 = \boxed{}$

$88 : 11 = \boxed{}$

$56 : 8 = \boxed{}$

$54 : 9 = \boxed{}$

$20 : 5 = \boxed{}$

$18 : 6 = \boxed{}$

3 Finde für jedes Zeichen die passende Ziffer.
Überprüfe deine Lösungen, indem du die
Aufgaben mit den gefundenen Ziffern aufschreibst.

a)

△ · △△ = ○○

○ · △△ = □□

□○ : △ = ○△

○△ + ○△ = □○

b)

▭◇ : ◇ = ◇

◇ − ▭ = □

◇ · ▭ = ▯☆

☾ · ☾ = ☆▯

Seite 7 Aufgabe 3

a) ○ = ...   b) ...

△ = ...

□ = ...

★ wenden die Zahlensätze des kleinen Einmaleins sowie deren Umkehrungen automatisiert und flexibel an
★ beschreiben arithmetische Muster und deren Gesetzmäßigkeit

7

Aufgaben aus dem großen Einmaleins kennenlernen

9 · 12 =
Ich setze die Neunerreihe fort:
…, 81, 90, 99, 108
9 · 12 ist das Doppelte von 9 · 6.
9 · 6 + 9 · 6 = 9 · 12
54 + 54 = 108
Ich sehe im Punktebild:
9 · 10 + 9 · 2
90 + 18 = 108
Ich rechne:
Wie löst du Aufgaben aus dem großen Einmaleins?
Mir hilft die Tauschaufgabe.
12 · 9 = 10 · 9 + 2 · 9
10 · 12 – 1 · 12
120 – 12 = 108
Die Einmaleinsreihen der Zahlen von 11 bis 20 bilden das große Einmaleins.

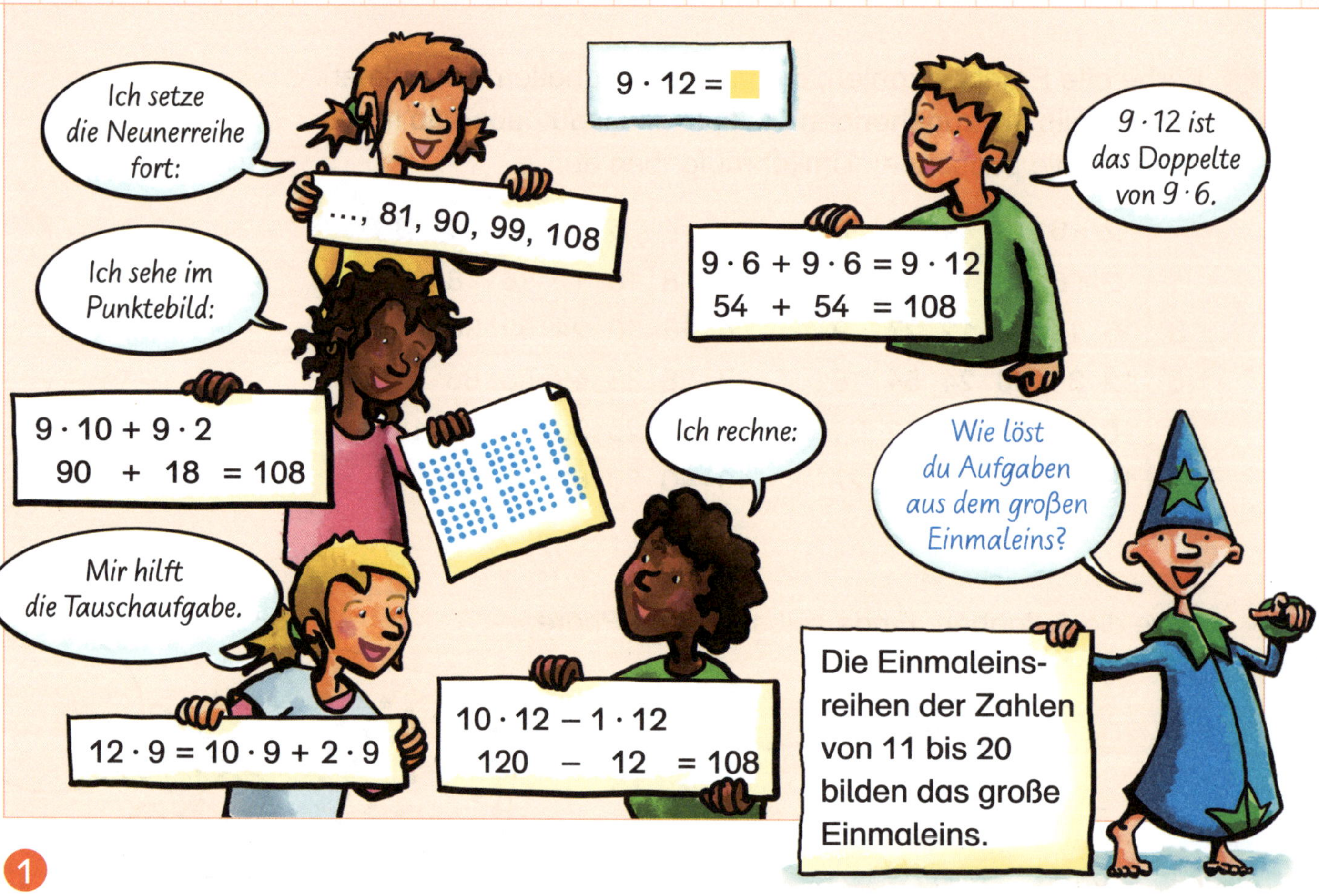

1

a) Betrachte gemeinsam mit einem anderen Kind die unterschiedlichen Lösungswege in der Abbildung. Besprecht, mit welchen Überlegungen die einzelnen Kinder zur Lösung gekommen sind.

b) Wie rechnest du die Aufgabe 9 · 12?

2 Bestimme alle Ergebnisse der Zwölferreihe von 1 · 12 bis 10 · 12. Rechne auf deine Art.

1 · 12 = 12

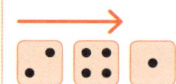

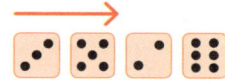

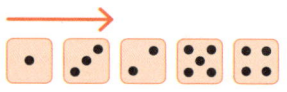

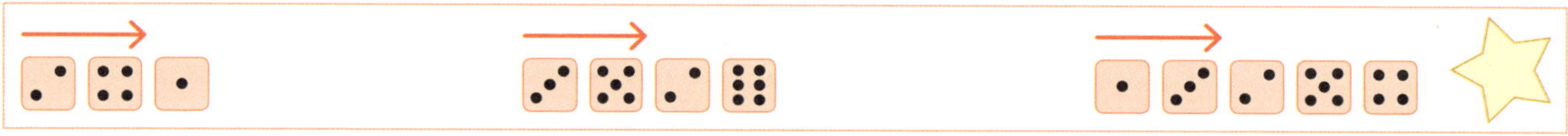

* übertragen ihre Kenntnisse zu den Zahlensätzen des kleinen Einmaleins in größere Zahlenräume
* nutzen und erklären Rechenstrategien und vergleichen und bewerten Rechenwege

Aufgaben aus dem großen Einmaleins lösen

1 Du kennst nun die Ergebnisse der Zwölferreihe.
Bilde eine weitere Reihe aus dem großen Einmaleins.
Rechne auf deine Art und notiere deine Rechnung.

_____   _____

_____   _____

_____   _____

_____   _____

_____   _____

2 Bestimme die Ergebnisse auf deine Art.
Notiere deine Rechnung.

a) $5 \cdot 13 =$ ☐   b) $8 \cdot 15 =$ ☐

_____   _____

c) $6 \cdot 18 =$ ☐   d) $3 \cdot 14 =$ ☐

_____   _____

e) $4 \cdot 16 =$ ☐   f) $8 \cdot 17 =$ ☐

_____   _____

3 Verbinde jeweils Aufgabenpaare mit gleichem Ergebnis.
Versuche es, ohne die Aufgaben auszurechnen.

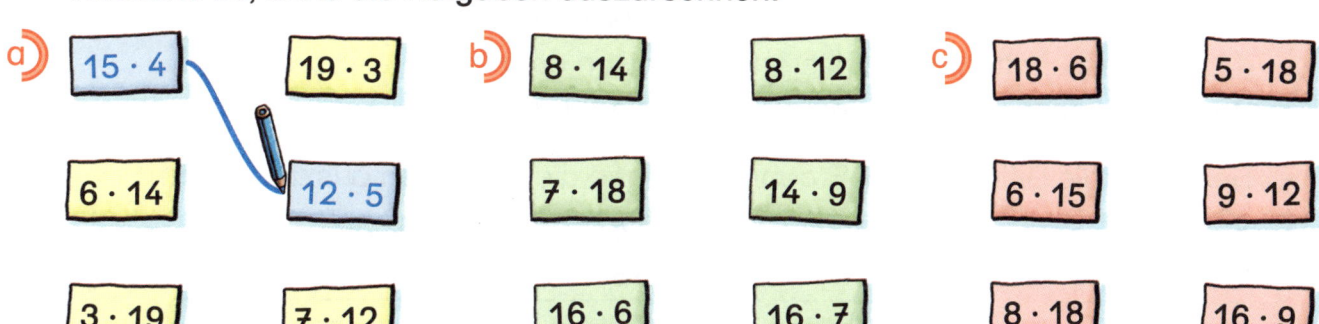

a) $15 \cdot 4$ $19 \cdot 3$ b) $8 \cdot 14$ $8 \cdot 12$ c) $18 \cdot 6$ $5 \cdot 18$

$6 \cdot 14$ $12 \cdot 5$ $7 \cdot 18$ $14 \cdot 9$ $6 \cdot 15$ $9 \cdot 12$

$3 \cdot 19$ $7 \cdot 12$ $16 \cdot 6$ $16 \cdot 7$ $8 \cdot 18$ $16 \cdot 9$

★ übertragen ihre Kenntnisse zu den Zahlensätzen des kleinen Einmaleins in größere Zahlenräume
★ wählen den eigenen Rechenweg zum Lösen von Aufgaben aus dem großen Einmaleins

9

Mit Zahlen zwischen 10 und 20 multiplizieren

1 Überlege, zu welchen Reihen die Ausschnitte
gehören, und setze sie nach beiden Seiten fort.

a) ..., 33, 44, 55, ..., 110   b) ..., 52, 65, 78, ..., 130

c) ..., 60, 75, 90, ..., 150   d) ..., 54, 72, 90, ..., 180

> Seite 10 Aufgabe 1
>
> a) Elferreihe   b)   ...
>
>   1 1, 2 2, 3 3, ...

2 Löse die Aufgaben auf zwei Arten. Schreibe auf, wie du rechnest.

$9 \cdot 18 =$ ☐ _____

$9 \cdot 12 =$ ☐ _____

$9 \cdot 16 =$ ☐ _____

$9 \cdot 13 =$ ☐ _____

$9 \cdot 15 =$ ☐ _____

$9 \cdot 11 =$ ☐ _____

$9 \cdot 19 =$ ☐ _____

3 Bestimme die Differenz (D) zwischen den Ergebnissen von Multiplikationsaufgaben.

a) Löse die Aufgaben.

$4 \cdot 15 =$ 60	$7 \cdot 19 =$ ☐	$3 \cdot 16 =$ ☐	$8 \cdot 14 =$ ☐
$5 \cdot 14 =$ 70	$9 \cdot 17 =$ ☐	$6 \cdot 13 =$ ☐	$4 \cdot 18 =$ ☐
D: 10	D: ☐	D: ☐	D: ☐

b) Finde einen Zusammenhang
zwischen den Aufgabenpaaren und
der jeweils dazugehörigen Differenz.

Verdeutliche deine Erkenntnisse durch Aufschreiben
der Rechenschritte und Markieren, Einkreisen oder ...
Besprich deine Entdeckungen mit einem anderen Kind.

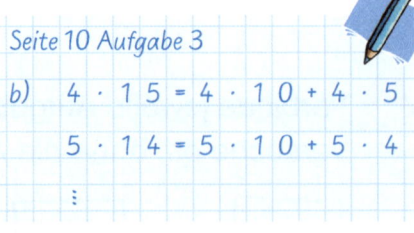

> Seite 10 Aufgabe 3
>
> b) 4 · 1 5 = 4 · 1 0 + 4 · 5
>
>   5 · 1 4 = 5 · 1 0 + 5 · 4
>
>   ⋮

c) Berechne die Differenz der Ergebnisse, ohne die Aufgaben auszurechnen.

$5 \cdot 16$	$7 \cdot 12$	$8 \cdot 14$	$3 \cdot 15$
$6 \cdot 15$	$2 \cdot 17$	$4 \cdot 18$	$5 \cdot 13$
D: ☐	D: ☐	D: ☐	D: ☐

★ erkennen die Strukturen arithmetischer Reihen und Muster und setzen diese fort
★ nutzen und erklären Rechenstrategien und entwickeln vorteilhafte Lösungswege
★ wenden ihre mathematischen Kenntnisse, Fähigkeiten und Fertigkeiten
  bei der Bearbeitung herausfordernder und unbekannter Aufgaben an

→ Ü Seite 27

Vielfache bestimmen und untersuchen

> Die Zahlen mit blauem Punkt gehören zur Viererreihe. Sie sind Vielfache von 4.

1	2	3	4	5	6	7	8	9	10
11	12	13	14	15	16	17	18	19	20
21	22	23	24	25	26	27	28	29	30
31	32	33	34	35	36	37	38	39	40
41	42	43	44	45	46	47	48	49	50

Vielfache von 4 sind:
4, 8, 12, 16, …

Man kann auch so schreiben:
V_4: 4, 8, 12, 16, …

1 Bestimme Vielfache verschiedener Zahlen.

a) Notiere die Zahlen, die gleichzeitig Vielfache von 3 und 4 sind.

$V_{3,4}$: 12, _____

b) Bestimme die gemeinsamen Vielfachen von 5 und 10.

$V_{5,10}$: _____

Was fällt dir auf? _____

c) Notiere einige Vielfache von 21.
Diese sind gleichzeitig die gemeinsamen Vielfachen zweier anderer Zahlen.
Erkläre, von welchen Zahlen sie gemeinsame Vielfache sind und warum.

_____

_____

_____

2 Ergänze die Aussagen zusammen mit einem Partnerkind.
Sprecht darüber.

a) Alle geraden Zahlen sind Vielfache von ☐.

b) Alle Vielfachen von 10 haben ☐ als Einerziffer.

c) Alle Vielfachen von 8 sind gemeinsame Vielfache von ☐ und ☐.

d) Alle Vielfachen von 5 haben ☐ oder ☐ als Einerziffer.

e) Alle gemeinsamen Vielfachen von 5 und 10 haben als Einerziffer ☐.

f) Schreibe Zahlen auf, die nur Vielfache von sich selbst und 1 sind.

→ Ü Seite 29

* nutzen und erklären Rechenstrategien
* erkennen mathematische Zusammenhänge, entwickeln Lösungswege und suchen situationsangemessene Begründungen

11

1	2	3	4	5	6	7	8	9	10
11	12	13	14	15	16	17	18	19	20
21	22	23	24	25	26	27	28	29	30
31	32	33	34	35	36	37	38	39	40
41	42	43	44	45	46	47	48	49	50
51	52	53	54	55	56	57	58	59	60
61	62	63	64	65	66	67	68	69	70
71	72	73	74	75	76	77	78	79	80
81	82	83	84	85	86	87	88	89	90
91	92	93	94	95	96	97	98	99	100

Tipp:
Setze die Punkte einer Farbe immer an die gleiche Stelle im Kästchen.

Welche Muster kannst du entdecken?

1 Kennzeichne in der Hundertertafel die Vielfachen von …

a) … 2 mit einem roten Punkt.

b) … 6 mit einem braunen Punkt.

c) … 3 mit einem schwarzen Punkt.

d) … 7 mit einem orangen Punkt.

e) … 4 mit einem blauen Punkt.

f) … 8 mit einem gelben Punkt.

g) … 5 mit einem grünen Punkt.

h) … 9 mit einem lila Punkt.

2 Untersuche die Zahl 12.

a) Kreise in der Hundertertafel alle Vielfachen von 12 ein: 12, 24, 36, …

b) Ergänze folgende Aussage:

12 ist Vielfaches von ☐, ☐, ☐, ☐ und ☐.

Deshalb sind auch alle Vielfachen von 12

Vielfache von ☐, ☐, ☐, ☐ und ☐.

* entwickeln Einsichten in mathematische Zusammenhänge und leiten Schlussfolgerungen ab

Teiler bestimmen und untersuchen

Teiler von 12

$12 : 1 = 12$
$12 : 2 = 6$
$12 : 3 = 4$
$12 : 4 = 3$
$12 : 6 = 2$
$12 : 12 = 1$

$T_{12}: 1, 2, 3, 4, 6, 12$

12 kann man durch 1, 2, 3, 4, 6 und 12 ohne Rest teilen.

1 Notiere alle …

a) … Teiler von 60.

$T_{60}: 1, 2, 3,$ _____

b) … gemeinsamen Teiler von 72 und 90.

$T_{72, 90}:$ _____

2 Ergänze die Aussagen zusammen mit einem Partnerkind. Sprecht darüber.

a) Eine Zahl hat 2 als Teiler, wenn die letzte Ziffer … _____

b) Eine Zahl hat 5 als Teiler, wenn die letzte Ziffer … _____

c) Eine Zahl hat 10 als Teiler, wenn die letzte Ziffer … _____

d) Eine Zahl, die 12 als Teiler hat, hat auch ☐ , ☐ , ☐ , ☐ und ☐ als Teiler.

e) Alle Zehnerzahlen haben ☐ , ☐ , ☐ und ☐ als gemeinsame Teiler.

f) Alle zweistelligen Zahlen mit zwei gleichen Ziffern haben ☐ und ☐ als Teiler.

g) 16 hat ☐ verschiedene Teiler.

3 Notiere in deinem Lerntagebuch verschiedene Zahlen, bei denen du die Teiler leicht erkennen kannst. Begründe, warum du sie leicht erkennen kannst.

4 Löse die Zahlenrätsel und trage jeweils die gesuchten Zahlen ein.

a) Meine Zahl ist gemeinsamer Teiler von 24 und 30 und ungerade.

b) Meine Zahl ist gemeinsamer Teiler von 36 und 27 und größer als 4.

c) Meine Zahl hat 4 als Teiler, ist größer als 45 und kleiner als 50.

d) Erfinde selbst Zahlenrätsel zu Vielfachen und Teilern. Stelle sie einem anderen Kind vor.

Seite 13 Aufgabe 4
d) …

→ Ü Seite 30

★ nutzen und erklären Rechenstrategien
★ erkennen mathematische Zusammenhänge, entwickeln Lösungswege
und suchen situationsangemessene Begründungen

1 Bestimme die Teiler.

a) Kreuze für jede Zahl von 1 bis 20 an, von welchen Zahlen sie Teiler ist.

2 ist Teiler von 2, 4, …

ist Teiler von	1	2	3	4	5	6	7	8	9	10	11	12	13	14	15	16	17	18	19	20	21	22	23	24	25	26	27	28	29	30	31	32	33	34	35	36	37	38	39	40	41	42	43	44
1																																												
2	X	X																																										
3																																												
4																																												
5																																												
6																																												
7																																												
8																																												
9																																												
10																																												
11																																												
12																																												
13																																												
14																																												
15																																												
16																																												
17																																												
18																																												
19																																												
20																																												

b) Stelle Regelmäßigkeiten fest, schreibe deine Entdeckungen auf und vergleiche sie mit denen anderer Kinder.

Das habe ich entdeckt: _____

* ermitteln Teiler und erkennen und beschreiben mathematische Zusammenhänge

Halbschriftlich multiplizieren

1 Löse die Aufgaben. Trage deine Rechenschritte ein.

a) 7 · 56 = [ ]

7 · 50 = 350
7 · 6 = [ ]
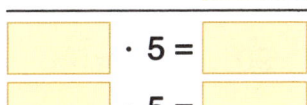
7 · 56 = [ ]

b) 8 · 48 = [ ]

8 · [ ] = [ ]
8 · [ ] = [ ]
8 · 48 = [ ]

c) 43 · 7 = [ ]

[ ] · 7 = [ ]
[ ] · 7 = [ ]
43 · 7 = [ ]

d) 6 · 185 = [ ]

6 · [ ] = [ ]
6 · [ ] = [ ]
6 · [ ] = [ ]
6 · 185 = [ ]

e) 4 · 236 = [ ]

4 · [ ] = [ ]
4 · [ ] = [ ]
4 · [ ] = [ ]
4 · 236 = [ ]

f) 125 · 5 = [ ]

[ ] · 5 = [ ]
[ ] · 5 = [ ]
[ ] · 5 = [ ]
125 · 5 = [ ]

2 Löse die Aufgaben. Schreibe deine Rechenschritte auf.

a) 9 · 38 = [ ]

b) 7 · 109 = [ ]

c) 94 · 3 = [ ]

 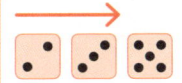 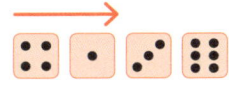  

1 Zerlege die Aufgaben in Teilschritte und bestimme die Ergebnisse.

a) 217 · 6 = [ ]

200 · 6 = [ ]

[ ] · 6 = [ ]

[ ] · 6 = [ ]

217 · 6 = [ ]

b) 392 · 5 = [ ]

[ ] · 5 = [ ]

[ ] · 5 = [ ]

[ ] · 5 = [ ]

392 · 5 = [ ]

c) 186 · 9 = [ ]

[ ] · 9 = [ ]

[ ] · 9 = [ ]

[ ] · 9 = [ ]

186 · 9 = [ ]

2 Wie heißen die Aufgaben, die zerlegt wurden? Bestimme auch die Ergebnisse.

a) 234 · 4 = [ ]

200 · 4 = [ ]

30 · 4 = [ ]

4 · 4 = [ ]

b) [ ] · [ ] = [ ]

400 · 2 = [ ]

30 · 2 = [ ]

5 · 2 = [ ]

c) [ ] · [ ] = [ ]

100 · 6 = [ ]

50 · 6 = [ ]

3 · 6 = [ ]

d) [ ] · [ ] = [ ]

300 · 7 = [ ]

90 · 7 = [ ]

6 · 7 = [ ]

e) [ ] · [ ] = [ ]

600 · 3 = [ ]

40 · 3 = [ ]

7 · 3 = [ ]

f) [ ] · [ ] = [ ]

200 · 8 = [ ]

70 · 8 = [ ]

9 · 8 = [ ]

3 Fülle die Tabellen vollständig aus. Rechne geschickt.

a)

Stunden	1	2	3	4	5	24
Minuten	60					

b)

Tage	1	2	4	6	7	8
Stunden						

c)

Jahre	1	2	3	4	6	10
Tage						

d)

Taschengeld	16€				
Monate	1	3	4	8	12

★ lösen halbschriftlich Multiplikationsaufgaben
★ wandeln Einheiten um

Halbschriftlich dividieren

Ich kann die Aufgabe unterschiedlich zerlegen.

1 Zerlege die Aufgaben in Teilschritte und bestimme die Ergebnisse.

a)
165 : 5 = ☐
☐ : 5 = ☐
☐ : 5 = ☐
165 : 5 = ☐

b)
352 : 4 = ☐
☐ : 4 = ☐
☐ : 4 = ☐
352 : 4 = ☐

c)
464 : 8 = ☐
☐ : 8 = ☐
☐ : 8 = ☐
464 : 8 = ☐

2 Wie heißen die Aufgaben, die zerlegt wurden? Bestimme auch die Ergebnisse.

a)
☐ : 3 = ☐
900 : 3 = ☐
30 : 3 = ☐
12 : 3 = ☐

b)
☐ : 6 = ☐
600 : 6 = ☐
60 : 6 = ☐
18 : 6 = ☐

c)
☐ : 2 = ☐
800 : 2 = ☐
20 : 2 = ☐
16 : 2 = ☐

3 Bestimme immer die Aufgabe und die Lösungen, die zu den Teilaufgaben gehören.

a)
☐ : ☐ = ☐
800 : 4 = ☐
120 : 4 = ☐
36 : 4 = ☐

b)
☐ : ☐ = ☐
900 : 3 = ☐
210 : 3 = ☐
18 : 3 = ☐

c)
☐ : ☐ = ☐
600 : 2 = ☐
160 : 2 = ☐
12 : 2 = ☐

d)
☐ : ☐ = ☐
420 : 7 = ☐
140 : 7 = ☐
7 : 7 = ☐

e)
☐ : ☐ = ☐
800 : 8 = ☐
560 : 8 = ☐
24 : 8 = ☐

f)
☐ : ☐ = ☐
450 : 9 = ☐
180 : 9 = ☐
45 : 9 = ☐

1 Löse die Aufgaben. Schreibe deine Rechenschritte auf.

a) 98 : 7 = [ ]

b) 168 : 3 = [ ]

c) 699 : 3 = [ ]

d) 57 : 3 = [ ]

e) 234 : 6 = [ ]

f) 984 : 8 = [ ]

g) 72 : 4 = [ ]

h) 371 : 7 = [ ]

i) 436 : 2 = [ ]

2 Vergleiche deine Zerlegungen bei Aufgabe **1** mit denen eines anderen Kindes. Begründet jeweils, warum ihr so zerlegt habt.

3 Suche gemeinsam mit einem anderen Kind zu der Aufgabe 666 : 9 = [ ] möglichst viele unterschiedliche Zerlegungen.

★ lösen halbschriftlich Divisionsaufgaben
★ vergleichen, bewerten und begründen Rechenwege

Mit Stufenzahlen multiplizieren

1E	•
1Z		$1E \cdot 10 = \quad 10 = 1Z$
1H		$1Z \cdot 10 = \quad 100 = 1H$
1T		$1H \cdot 10 = 1\,000 = 1T$
1ZT		$1T \cdot 10 = 10\,000 = 1ZT$

HT	ZT	T	H	Z	E
					1
				1	0
			1	0	0
		1	0	0	0
	1	0	0	0	0

$\cdot 10$
$\cdot 10$
$\cdot 10$
$\cdot 10$

> Beim Multiplizieren mit 10 rücken alle Ziffern eine Stelle nach links.

> Manche sagen, hinten kommt einfach eine Null dazu.

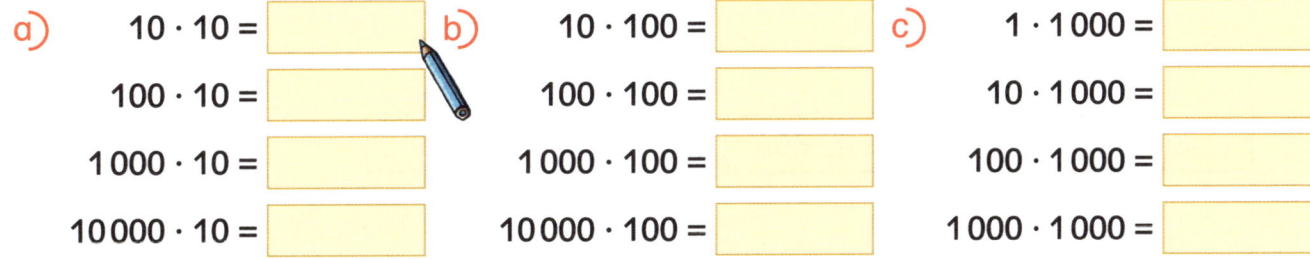

1 Löse die Aufgaben.

a)
$10 \cdot 10 =$ ⬚
$100 \cdot 10 =$ ⬚
$1\,000 \cdot 10 =$ ⬚
$10\,000 \cdot 10 =$ ⬚

b)
$10 \cdot 100 =$ ⬚
$100 \cdot 100 =$ ⬚
$1\,000 \cdot 100 =$ ⬚
$10\,000 \cdot 100 =$ ⬚

c)
$1 \cdot 1\,000 =$ ⬚
$10 \cdot 1\,000 =$ ⬚
$100 \cdot 1\,000 =$ ⬚
$1\,000 \cdot 1\,000 =$ ⬚

d) Betrachte, wie sich die Ergebnisse bei a) bis c) verändern.
Tausche dich über deine Beobachtungen mit einem anderen Kind aus.

★ entnehmen Problemstellungen die für die Lösung relevanten Informationen und geben sie in eigenen Worten wieder
★ stellen Vermutungen über mathematische Zusammenhänge an und entwickeln ausgehend von Beispielen allgemeine Überlegungen

19

1 Löse die Aufgaben im Kopf. Notiere dann die Ergebnisse.

a) $4 \cdot 3H = \underline{12H}$

$4 \cdot 300 = \underline{1200}$

$40 \cdot 3H = $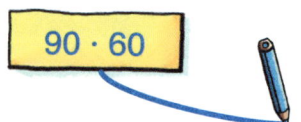

$40 \cdot 300 = $ _____

$400 \cdot 3H = $ _____

$400 \cdot 300 = $ _____

b) $6T \cdot 4 = $ _____

$6000 \cdot 4 = $ _____

$6T \cdot 40 = $ _____

$6000 \cdot 40 = $ _____

$6T \cdot 400 = $ _____

$6000 \cdot 400 = $ _____

c) $5 \cdot 3ZT = $ _____

$5 \cdot 30000 = $ _____

$50 \cdot 3ZT = $ _____

$50 \cdot 30000 = $ _____

$500 \cdot 3ZT = $ _____

$500 \cdot 30000 = $ _____

2 Löse die Aufgaben.

a) $5 \cdot 9000 = $ _____

$6 \cdot 6000 = $ _____

$4000 \cdot 8 = $ _____

$7000 \cdot 9 = $ _____

b) $600 \cdot 70 = $ _____

$30 \cdot 600 = $ _____

$80 \cdot 500 = $ _____

$400 \cdot 90 = $ _____

c) $3 \cdot 80000 = $ _____

$20000 \cdot 2 = $ _____

$5 \cdot 70000 = $ _____

$80000 \cdot 6 = $ _____

3 Immer zwei Aufgaben haben das gleiche Ergebnis. Verbinde.

$90 \cdot 60$ $90 \cdot 6000$ $60 \cdot 9$ $9000 \cdot 6$

$9 \cdot 60000$ $90 \cdot 600$ $90 \cdot 6$ $9 \cdot 600$

 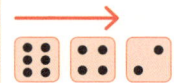       

* nutzen planvoll und systematisch die Struktur des Zehnersystems
* übertragen eine Darstellung in eine andere
* übertragen ihre Kenntnisse zu den Zahlensätzen des kleinen Einmaleins in größere Zahlenräume

1 Löse die Analogieaufgaben. Notiere die Ergebnisse.

a) 5 · 7 =
5 · 70 =
5 · 700 =
5 · 7000 =

50 · 7 =
50 · 70 =
50 · 700 =
50 · 7000 =

b) 6 · 4 =
6 · 40 =
6 · 400 =
6 · 4000 =

60 · 4 =
60 · 40 =
60 · 400 =
60 · 4000 =

c) 7 · 6 =
7 · 60 =
7 · 600 =
7 · 6000 =

70 · 6 =
70 · 60 =
70 · 600 =
70 · 6000 =

2 Rechne. Notiere die Ergebnisse.

a) 30 · 50 =
40 · 20 =
70 · 30 =

$$3 \cdot 5 = 15$$
$$3 \cdot 50 = 150$$
$$30 \cdot 50 = 1500$$

Ich rechne immer zuerst die einfache Aufgabe.

b) 200 · 40 =
600 · 30 =
500 · 60 =

c) 400 · 40 =
900 · 30 =
300 · 80 =

d) 200 · 50 =
800 · 30 =
700 · 20 =

e) 5000 · 70 =
8000 · 60 =
3000 · 90 =

f) 5000 · 90 =
4000 · 60 =
9000 · 70 =

g) 6000 · 80 =
7000 · 30 =
8000 · 90 =

h) 7 · 300 =
400 · 8 =
60 · 4000 =
70 · 20 =

i) 90 · 40 =
6 · 800 =
70 · 800 =
800 · 700 =

k) 40 · 700 =
90 · 50 =
600 · 400 =
8000 · 50 =

1 Lies alle möglichen Aufgaben ab und löse sie.

a)

3	30	300	3 000	·	5	50	500	5 000

3 · 5 = 15

3 · 50 = 150

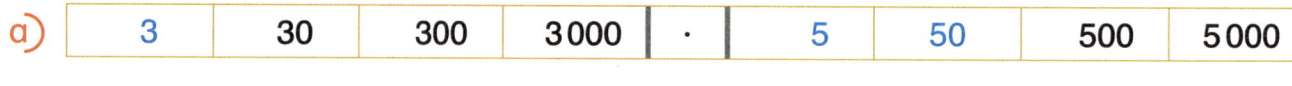

b)

6	80	900	6 000	·	7	40	300	2 000

2 Wähle zwei Ergebniszahlen aus und finde jeweils
möglichst viele Malaufgaben zu beiden Zahlen.

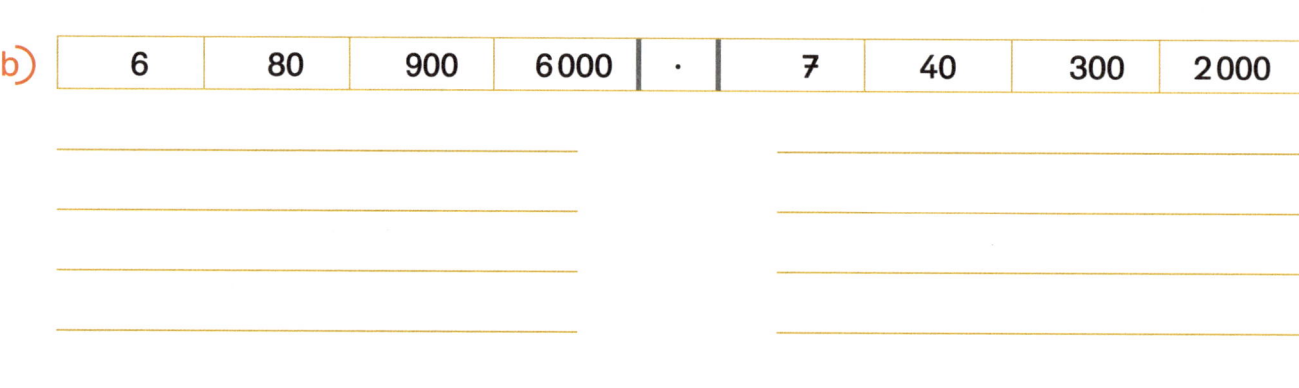

4 500	280 000	2 100	350 000	2 700	250 000

* nutzen planvoll und systematisch die Struktur des Zehnersystems
* übertragen ihre Kenntnisse zu den Zahlensätzen des kleinen Einmaleins in größere Zahlenräume

1ZT	$1ZT : 10 = 1\,000 = 1T$
1T	$1T \quad : 10 = \quad 100 = 1H$
1H	$1H \quad : 10 = \quad\quad 10 = 1Z$
1Z	$1Z \quad : 10 = \quad\quad\quad 1 = 1E$
1E	

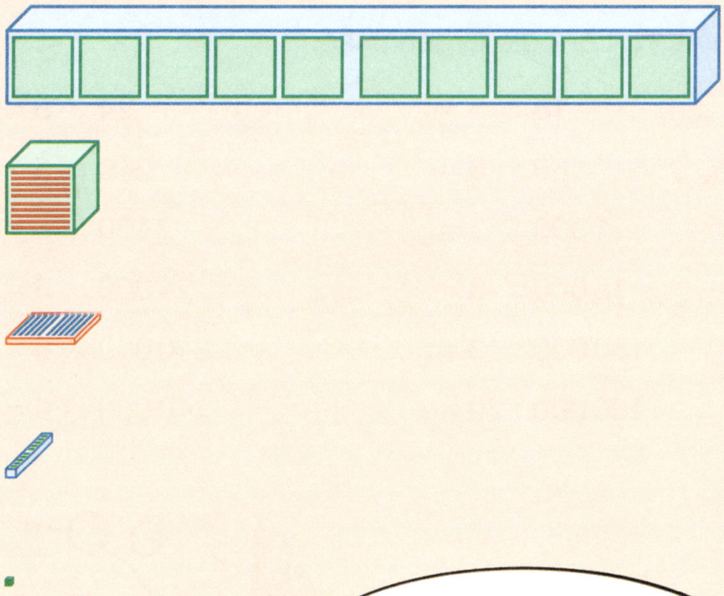

ZT	T	H	Z	E	
1	0	0	0	0	
	1	0	0	0	:10
		1	0	0	:10
			1	0	:10
				1	:10

Beim Dividieren durch 10 rücken alle Ziffern eine Stelle nach rechts.

Manche sagen einfach: Eine Null fällt weg.

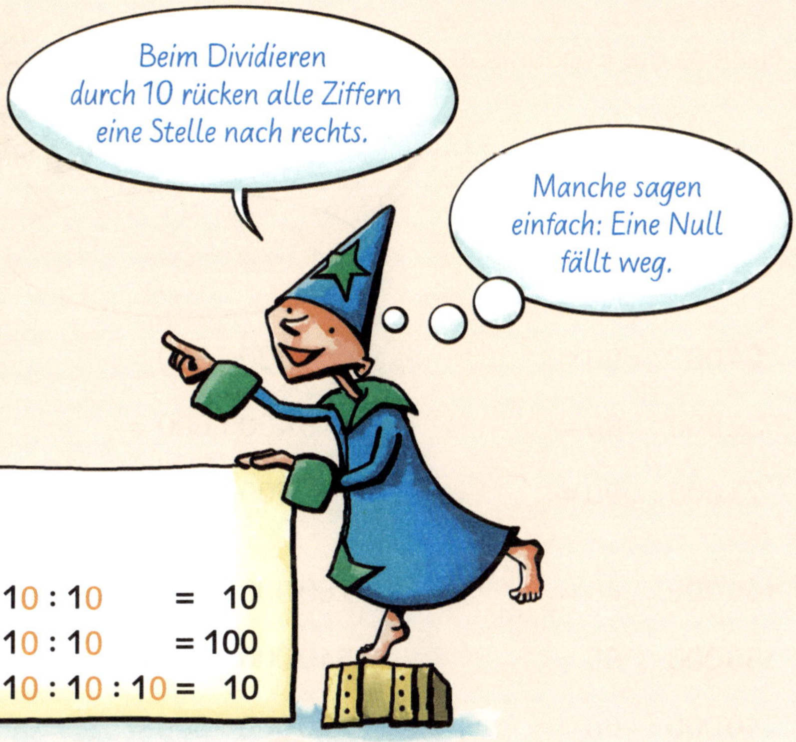

$$100 : \quad 10 = \quad 10$$
$$1\,000 : \quad 10 = \quad 100$$
$$1\,000 : \quad 100 = 1\,000 : 10 : 10 \quad\quad = \quad 10$$
$$10\,000 : \quad 100 = 10\,000 : 10 : 10 \quad\quad = 100$$
$$10\,000 : 1\,000 = 10\,000 : 10 : 10 : 10 = \quad 10$$

1 Löse die Aufgaben.

a)
$$1\,000 : 10 = \boxed{}$$
$$10\,000 : 10 = \boxed{}$$
$$100\,000 : 10 = \boxed{}$$
$$1\,000\,000 : 10 = \boxed{}$$

b)
$$10\,000 : \quad 10 = \boxed{}$$
$$10\,000 : \quad 100 = \boxed{}$$
$$10\,000 : \quad 1\,000 = \boxed{}$$
$$10\,000 : 10\,000 = \boxed{}$$

c) Betrachte, wie sich die Ergebnisse bei a) und b) verändern.
Tausche dich über deine Beobachtungen mit einem anderen Kind aus.

⋆ entnehmen Problemstellungen für die Lösung relevante Informationen, geben sie in eigenen Worten wieder
⋆ stellen Vermutungen über mathematische Zusammenhänge an und entwickeln ausgehend von Beispielen
allgemeine Überlegungen

→ Ü Seite 33

1 Löse die Analogieaufgaben. Notiere die Ergebnisse.

a)
6 : 3 = ☐
60 : 3 = ☐
600 : 3 = ☐
6 000 : 3 = ☐
60 000 : 3 = ☐
60 000 : 30 = ☐

b)
18 : 3 = ☐
180 : 3 = ☐
1 800 : 3 = ☐
18 000 : 3 = ☐
180 000 : 3 = ☐
180 000 : 30 = ☐

c)
24 : 6 = ☐
240 : 6 = ☐
2 400 : 6 = ☐
24 000 : 6 = ☐
240 000 : 6 = ☐
240 000 : 60 = ☐

2 Rechne.
Notiere die Ergebnisse.

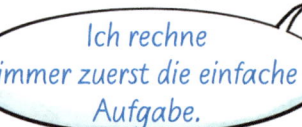
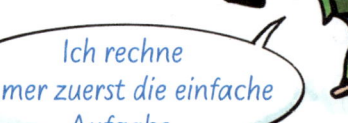

8 : 2 = 4
80 : 2 = 40
800 : 2 = 400
800 : 20 = 40

Ich rechne immer zuerst die einfache Aufgabe.

a)
800 : 20 = ☐
600 : 30 = ☐
900 : 30 = ☐

b)
24 000 : 60 = ☐
32 000 : 80 = ☐
27 000 : 90 = ☐

c)
4 800 : 800 = ☐
5 400 : 600 = ☐
4 200 : 700 = ☐

d)
36 000 : 900 = ☐
72 000 : 800 = ☐
81 000 : 900 = ☐

e)
160 000 : 40 = ☐
150 000 : 50 = ☐
240 000 : 60 = ☐

f)
280 000 : 700 = ☐
540 000 : 900 = ☐
120 000 : 300 = ☐

g)
160 000 : 4 000 = ☐
450 000 : 5 000 = ☐
210 000 : 7 000 = ☐

h)
5 400 : 6 = ☐
18 000 : 90 = ☐
48 000 : 800 = ☐
240 000 : 40 = ☐

i)
32 000 : 8 = ☐
350 000 : 700 = ☐
49 000 : 70 = ☐
15 000 : 30 = ☐

k)
7 200 : 800 = ☐
2 400 : 40 = ☐
560 000 : 800 = ☐
12 000 : 4 = ☐

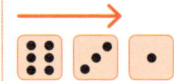
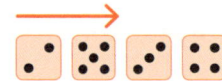

★ übertragen ihre Kenntnisse zu den Zahlensätzen des kleinen Einmaleins in größere Zahlenräume

1 Lies alle möglichen Aufgaben ab und löse sie.

1 200	120 000	12 000	1 200 000	:	3	30	300	400

1200 : 3 = 400

2 Schreibe zu jeder Aufgabe im Dach alle möglichen Analogieaufgaben auf.
Keine Aufgabe soll doppelt vorkommen.

a) **72 : 8**

720 000 : 8 = [ ]
72 000 : [ ] = 9
720 000 : 80 000 = [ ]
720 : [ ] = 90
7 200 : [ ] = 9
720 000 : [ ] = 90
720 : 80 = [ ]
7 200 : [ ] = 900
720 000 : [ ] = 900
72 000 : [ ] = 9 000
720 000 : 80 = [ ]
72 000 : [ ] = [ ]
72 000 : [ ] = [ ]
7 200 : [ ] = [ ]

b) **24 : 3**

240 000 : 3 = [ ]
[ ] : [ ] = 8
[ ] : 30 000 = [ ]
[ ] : [ ] = 80
[ ] : [ ] = [ ]
[ ] : [ ] = [ ]
[ ] : 30 = [ ]
[ ] : [ ] = [ ]
[ ] : [ ] = 800
[ ] : [ ] = [ ]
[ ] : 30 = [ ]
[ ] : [ ] = [ ]
[ ] : [ ] = [ ]
[ ] : [ ] = [ ]

★ nutzen planvoll und systematisch die Struktur des Zehnersystems
★ übertragen ihre Kenntnisse zu den Zahlensätzen des kleinen Einmaleins in größere Zahlenräume

25

Mehrstellige Zahlen halbschriftlich multiplizieren

1 Zerlege die Multiplikationsaufgaben in Teilaufgaben und bestimme die Ergebnisse. Kontrolliere mit der Überschlagsrechnung.

a) $4282 \cdot 5 =$ ▢

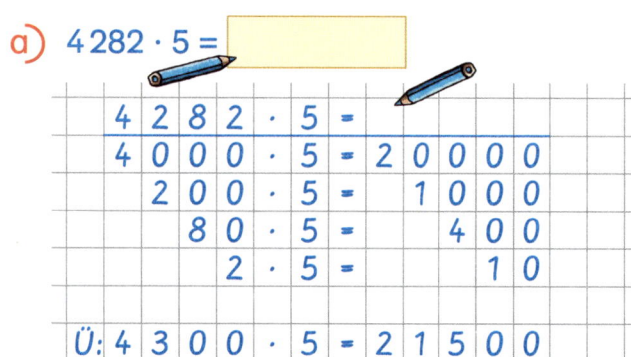

4282 · 5 =					
4000 · 5 =	2	0	0	0	0
200 · 5 =		1	0	0	0
80 · 5 =			4	0	0
2 · 5 =				1	0
Ü: 4300 · 5 =	2	1	5	0	0

b) $1618 \cdot 7 =$ ▢

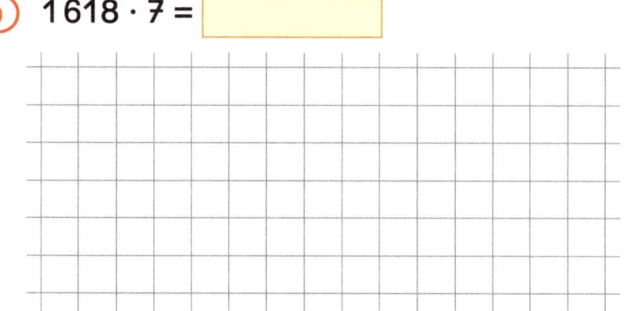

c) $2468 \cdot 4 =$ ▢

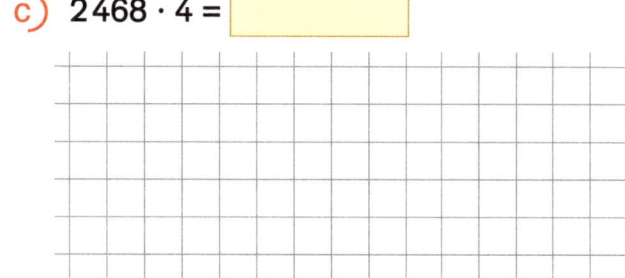

d) $1250 \cdot 8 =$ ▢

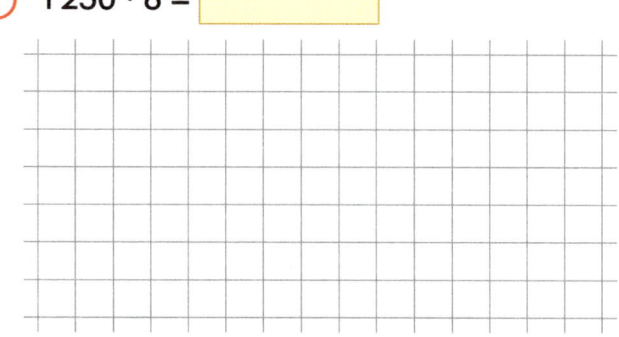

e) $5400 \cdot 50 =$ ▢

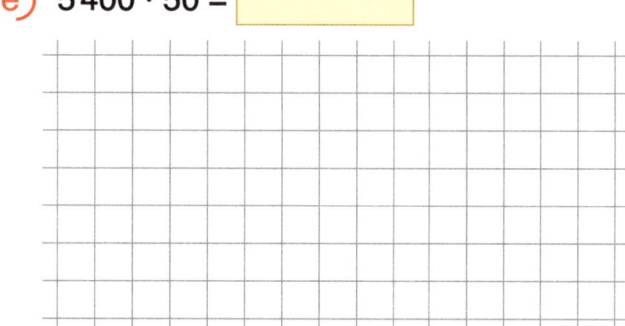

f) $3060 \cdot 90 =$ ▢

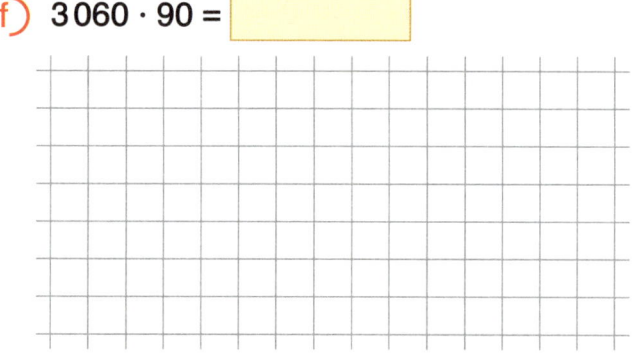

2 Bestimme die Aufgabe und die Lösungen, die jeweils zu den Teilaufgaben gehören. Kontrolliere mit der Überschlagsrechnung.

a) ▢ · ▢ = ▢

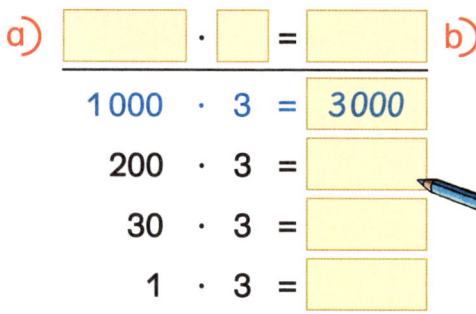

$1000 \cdot 3 = 3000$
$200 \cdot 3 =$ ▢
$30 \cdot 3 =$ ▢
$1 \cdot 3 =$ ▢

Ü: _____

b) ▢ · ▢ = ▢

$4000 \cdot 2 =$ ▢
$300 \cdot 2 =$ ▢
$20 \cdot 2 =$ ▢
$8 \cdot 2 =$ ▢

Ü: _____

c) ▢ · ▢ = ▢

$3 \cdot 4000 =$ ▢
$3 \cdot 100 =$ ▢
$3 \cdot 20 =$ ▢
$3 \cdot 1 =$ ▢

Ü: _____

★ lösen halbschriftlich Multiplikationsaufgaben
★ prüfen Ergebnisse durch Überschlagsrechnung

Mehrstellige Zahlen halbschriftlich dividieren

1 Zerlege die Divisionsaufgaben in Teilaufgaben und bestimme die Ergebnisse.
Kontrolliere mit der Überschlagsrechnung.

a) $8452 : 4 =$ ☐

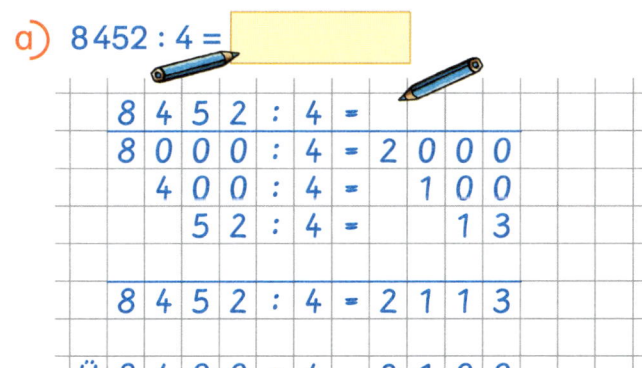

```
8 4 5 2 : 4 =
8 0 0 0 : 4 = 2 0 0 0
  4 0 0 : 4 =     1 0 0
    5 2 : 4 =        1 3

8 4 5 2 : 4 = 2 1 1 3

Ü: 8 4 0 0 : 4 = 2 1 0 0
```

b) $7497 : 7 =$ ☐

c) $6324 : 6 =$ ☐

d) $2170 : 7 =$ ☐

e) $9645 : 3 =$ ☐

f) $10230 : 5 =$ ☐

2 Bestimme die Aufgabe und die Lösungen. Kontrolliere mit der Überschlagsrechnung.

a) ☐ : ☐ = ☐

6000	:	6	=	*1000*
420	:	6	=	☐
6	:	6	=	☐

Ü: _____

b) ☐ : ☐ = ☐

45000	:	5	=	☐
300	:	5	=	☐
25	:	5	=	☐

Ü: _____

c) ☐ : ☐ = ☐

4000	:	40	=	☐
800	:	40	=	☐
160	:	40	=	☐

Ü: _____

Multiplikation und Division bei Sachaufgaben anwenden

1 Überprüfe folgende Aussagen. Kreuze an.

                                                                       richtig   falsch

a) 77 364 ist ein Vielfaches von 7.   ☒   ○

b) 3 ist Teiler von 14 275.   ○   ○

c) 6 384 ist ein gemeinsames Vielfaches von 3 und 4.   ○   ○

d) Eine Stunde hat 3 600 Sekunden.   ○   ○

2 Schreibe zu jeder Rechengeschichte eine Frage und
dann die dazu passende Rechnung und Antwort auf.

a) Vier Freunde haben zusammen 28 520 € gewonnen.

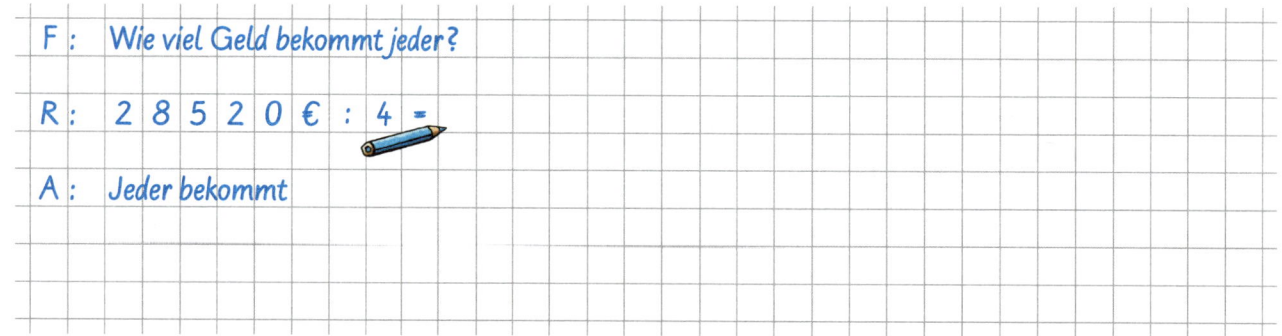

    F : Wie viel Geld bekommt jeder?

    R : 2 8 5 2 0 € : 4 =

    A : Jeder bekommt

b) In den Sommerferien fuhr die Fähre dreimal am Tag hin und zurück
und war jedes Mal mit 231 Personen voll besetzt.

c) Die Hälfte der 18 616 Zuschauer beim Tennisturnier waren Jugendliche.

3 Finde heraus, welche Rechengeschichte zur Aufgabe 324 · 6 + 20 passt.
Kennzeichne die passende Rechengeschichte.

> Beim Konzert sind 324 Plätze besetzt, 20 Zuschauer stehen und 6 Personen konnten keine Karten mehr bekommen.

> An sechs Abenden saßen 324 Personen in 20 Reihen.

> An sechs Abenden wurden jeweils 324 Karten verkauft. 20 Freikarten wurden verschenkt.

> Am ersten Abend besuchten 324 Personen die Vorstellung, am zweiten 6 mehr und am dritten Abend 20 weniger.

4 Berechne die Ergebnisse und schreibe zu beiden Aufgaben jeweils eine passende Rechengeschichte. Lass deine Rechengeschichten zur Kontrolle von einem anderen Kind lösen.

a) 2 580 : 6 = ☐

b) 768 · 4 = ☐

5 In einem Regal stehen Filme auf DVD. Im 1. Fach sind halb so viele DVDs wie in den beiden anderen Fächern zusammen. Im 2. Fach stehen dreimal so viele DVDs wie im 3. Fach. Insgesamt stehen 72 DVDs in den 3 Regalfächern. Berechne, wie viele DVDs in jedem Fach stehen. Besprich deinen Lösungsweg mit einem anderen Kind. Schreibe deinen Rechenweg auf.

✶ entnehmen relevante Informationen aus verschiedenen Quellen und formulieren dazu mathematische Fragestellungen
✶ erkennen mathematische Zusammenhänge und nutzen diese, um zu einer Lösung zu gelangen
✶ formulieren zu vorgegebenen Rechenaufgaben passende Rechengeschichten
29

Die Begriffe „rechter Winkel" und „senkrecht" kennenlernen

1 Stelle einen Faltwinkel her.

a) Reiße ein Stück Papier aus.

b) Falte das Papier.

c) Zeichne die Faltlinie auf beiden Seiten rot nach. Benutze dein Lineal.

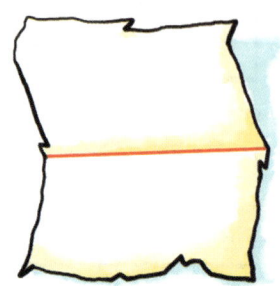

d) Falte das Papier wieder.

e) Falte nochmals so, dass die roten Faltlinien genau aufeinanderliegen.

f) Zeichne die zweite Faltlinie blau nach. Benutze dein Lineal.

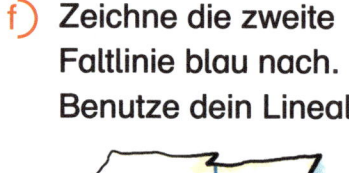

Der Faltwinkel ist ein rechter Winkel.

Die rote und die blaue Faltlinie stehen senkrecht zueinander.

Rechte Winkel kennzeichnet man so:

Der Faltwinkel ist ein rechter Winkel.

2 Suche mit deinem Faltwinkel in deiner Umgebung rechte Winkel. Schreibe auf, wo du rechte Winkel gefunden hast.

Seite 30 Aufgabe 2

Tischecke, ...

⋆ entnehmen Darstellungen in Textform und Bildern relevante Informationen und übertragen sie in eigene Handlungen
⋆ verwenden zutreffend die Fachbegriffe rechter Winkel und senkrecht zueinander

Das Geodreieck kennenlernen

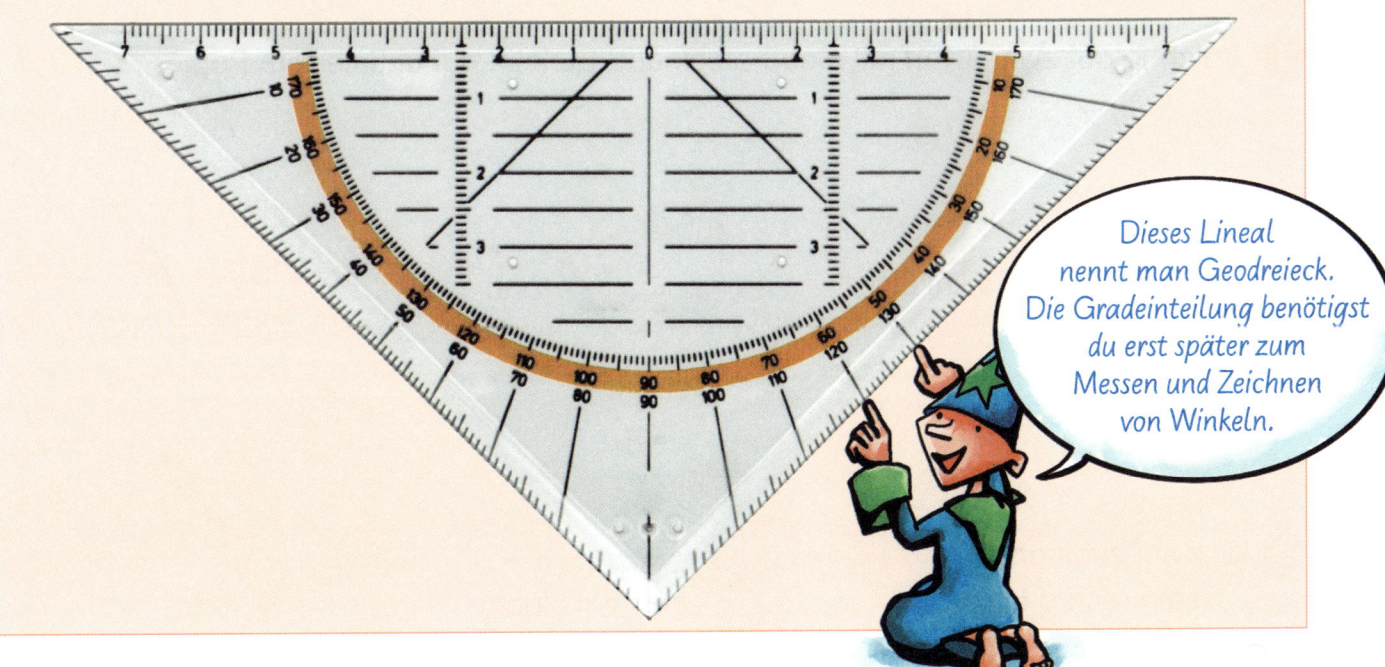

Dieses Lineal nennt man Geodreieck. Die Gradeinteilung benötigst du erst später zum Messen und Zeichnen von Winkeln.

 1 Betrachte das Geodreieck genau.
Besprich deine Antworten mit einem anderen Kind.

a) Weshalb ist das Geodreieck auch ein Lineal?

b) Weshalb ist das Geodreieck ein besonderes Lineal?

c) An welchen Stellen hat das Geodreieck cm-Einteilungen, wo mm-Einteilungen?

d) Wo findest du am Geodreieck rechte Winkel?

e) Welche Linien stehen senkrecht zueinander?

f) Welche Längen kannst du mit deinem Geodreieck höchstens messen?

 2 Lege gemeinsam mit anderen Kindern mehrere Geodreiecke zu unterschiedlichen Figuren zusammen.

a) Beschreibt die Figuren.

b) Zeigt euch gegenseitig die rechten Winkel.

c) Zeigt euch Linien, die senkrecht zueinander stehen.

d) Zeichnet Skizzen der gelegten Figuren, ohne ein Lineal oder Geodreieck zu verwenden, und kennzeichnet die rechten Winkel.

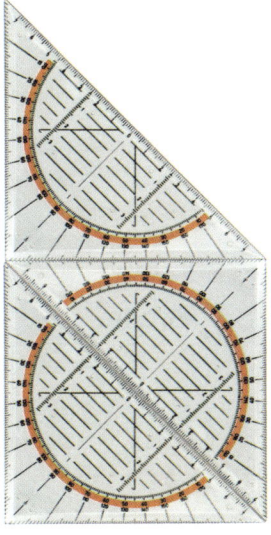

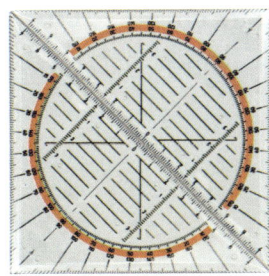

★ nutzen mathematische Fachbegriffe richtig
★ untersuchen und vergleichen geometrische Flächenformen

 1 Zeichne auf zwei Arten mit Geodreieck und Bleistift auf unliniertem Papier …

a) … einen rechten Winkel.   und

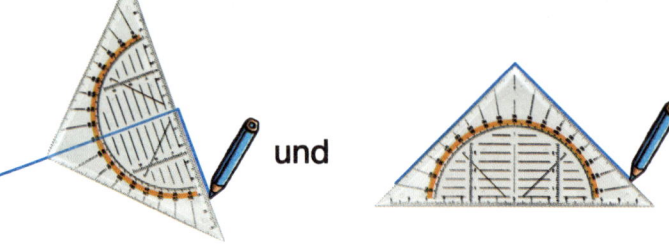

b) … zwei zueinander
senkrechte Linien.   und

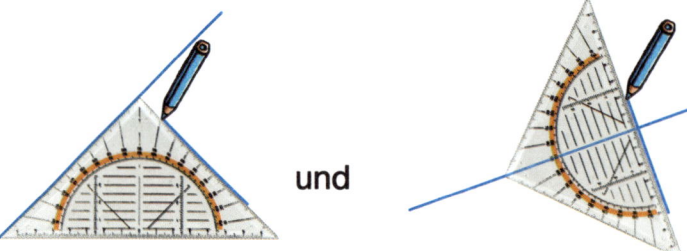

Welche Methode ist jeweils genauer?
Begründe und besprich deine Erfahrungen mit anderen Kindern.

2 Zeichne die Rechtecke so, dass du den rechten Winkel und
die richtige Seitenlänge jeweils auf einmal zeichnen kannst.
Betrachte zuerst die Arbeitsschritte.

Seite 32 Aufgabe 2

A   …

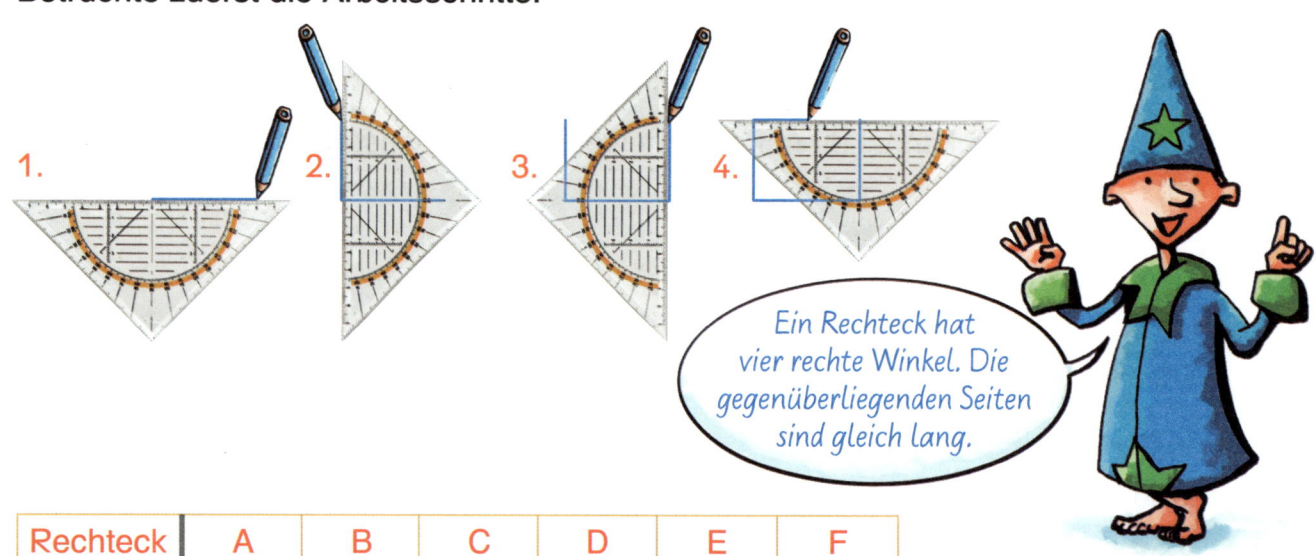

1.   2.   3.   4.

*Ein Rechteck hat
vier rechte Winkel. Die
gegenüberliegenden Seiten
sind gleich lang.*

Rechteck	A	B	C	D	E	F
Länge	6 cm	7 cm	10 cm	56 mm	47 mm	5,4 cm
Breite	4 cm	5 cm	7 cm	28 mm	39 mm	5,4 cm

 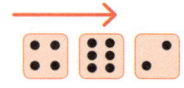   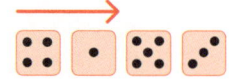   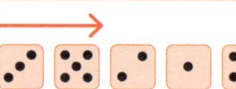 

  ★ zeichnen Strecken und Flächenformen mit dem Geodreieck
und berücksichtigen dabei die Eigenschaften der Flächenformen
★ verwenden zutreffend die Begriffe rechter Winkel und senkrecht zueinander

1 Suche Rechtecke und Quadrate. Zeichne Rechtecke mit einem blauen Stift nach, Quadrate mit einem roten. Benutze dein Lineal oder dein Geodreieck.

2 Ergänze mithilfe des Geodreiecks …

a) … zu Rechtecken.

b) … zu Quadraten.

1 Kennzeichne in den Figuren alle rechten Winkel so: ⌐
Überprüfe mit dem Faltwinkel oder mit dem Geodreieck.

Um mit dem Geodreieck gut überprüfen zu können,
kannst du vorher einzelne Linien verlängern.

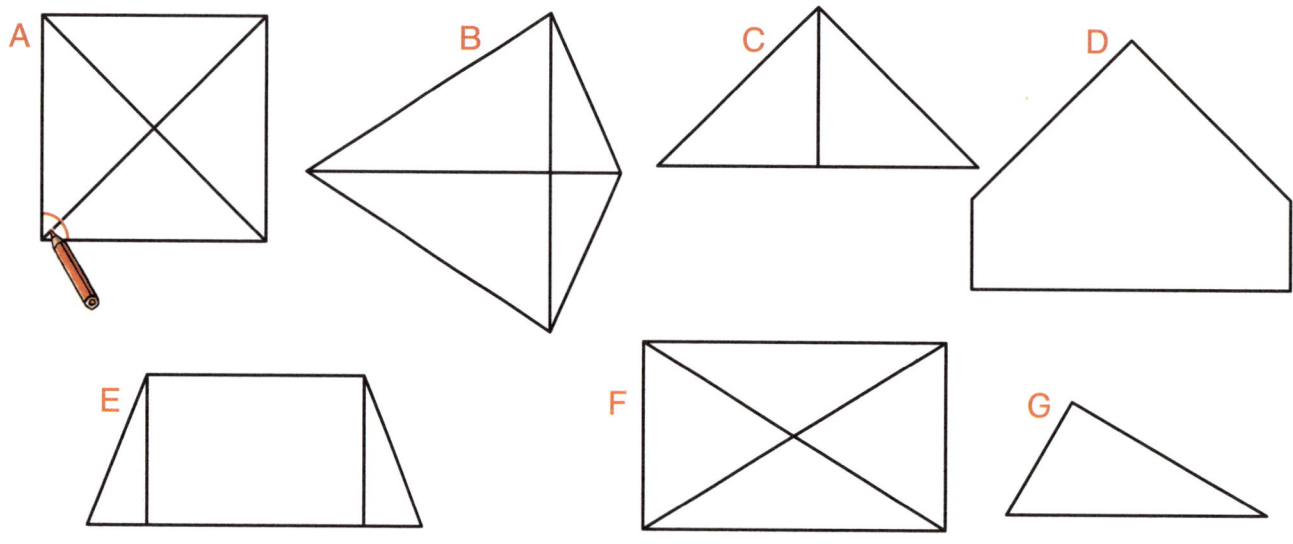

2 Zeichne mit dem Geodreieck zu jeder Linie eine Senkrechte,
die durch den vorgegebenen Punkt geht.

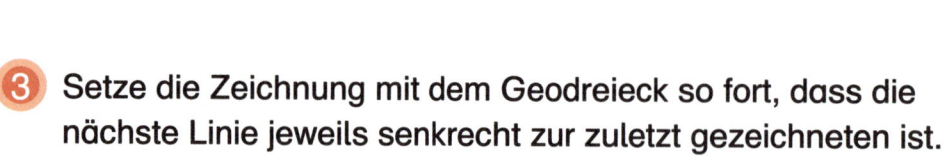

3 Setze die Zeichnung mit dem Geodreieck so fort, dass die
nächste Linie jeweils senkrecht zur zuletzt gezeichneten ist.
Kennzeichne immer den entstandenen rechten Winkel.

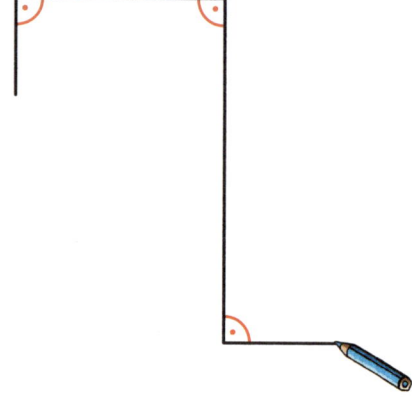

★ erkennen und überprüfen rechte Winkel
★ zeichnen mit dem Geodreieck senkrecht zueinander stehende Linien

Mit dem Geodreieck Zeichnungen überprüfen

1 Prüfe mit dem Geodreieck, welche Linien einen rechten Winkel bilden.
Kennzeichne rechte Winkel so: ⌐ .

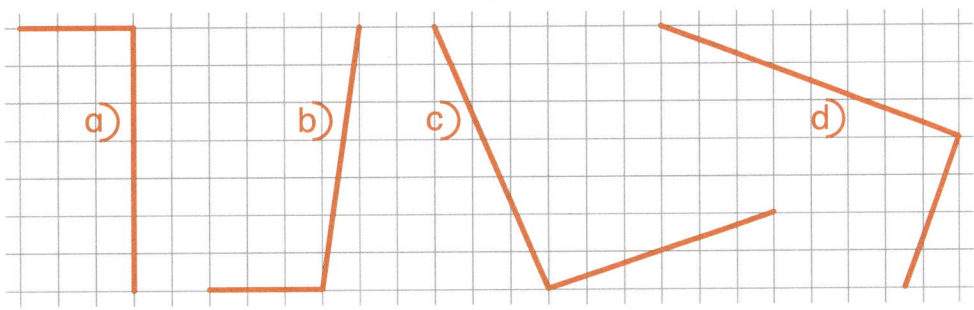

2 Vermute, welche Vierecke
Quadrate sind.
Kreuze in blau an.

Ein Quadrat hat vier rechte Winkel. Alle Seiten sind gleich lang.

a)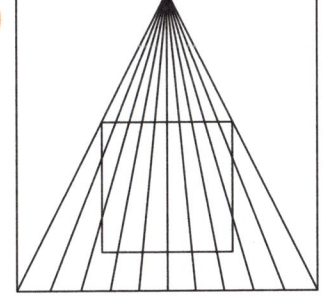

○ Quadrat
○ kein Quadrat

b)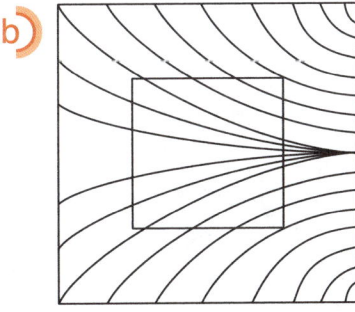

○ Quadrat
○ kein Quadrat

c)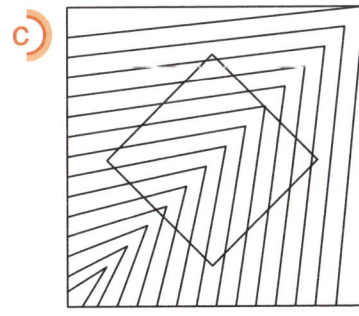

○ Quadrat
○ kein Quadrat

d)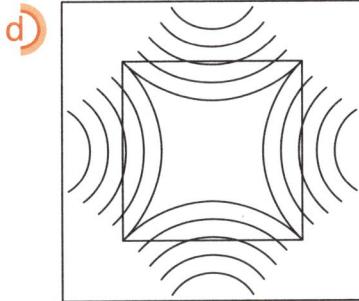

○ Quadrat
○ kein Quadrat

e)

○ Quadrat
○ kein Quadrat

f)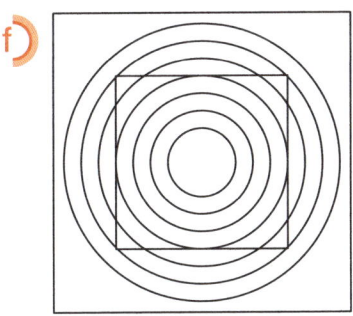

○ Quadrat
○ kein Quadrat

3 Überprüfe deine Vermutung in Aufgabe **2** mit dem Geodreieck.
Kennzeichne die Lösung in grün.

4 Erfinde selbst optische Täuschungen wie in Aufgabe **2**.
Zeichne sie auf ein Blatt Papier. Stelle sie einem Partnerkind vor.

★ verwenden zutreffend den Begriff rechter Winkel bei der Beschreibung von Flächenformen
★ wenden ihre Kenntnisse über Eigenschaften von Flächenformen an

35

1 Stelle parallele Linien durch Falten her.

a) Benutze deinen Faltwinkel.

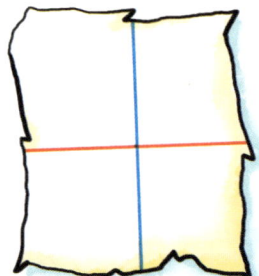

b) Falte wieder an der roten Linie.
Die beiden blauen Linien liegen aufeinander.

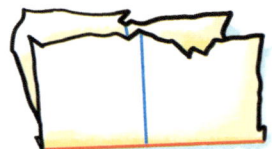

c) Falte die rote Linie so nach oben, dass die blauen Linien wieder aufeinanderliegen.

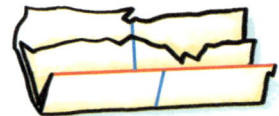

d) Falte das Papier auseinander und zeichne die neuen Faltlinien rot nach. Benutze dein Lineal.

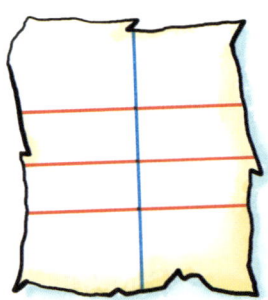

Die roten Linien haben überall den gleichen Abstand voneinander, sie sind parallel zueinander.

parallele Linien

2

Zeichne oder schreibe weitere Beispiele auf, wo du in deiner Umgebung parallele Linien findest. Stelle deine Ergebnisse auf einem Plakat dar.

Seite 36 Aufgabe 2
...

★ entnehmen Darstellungen in Textform und Bildern relevante Informationen und übertragen sie in eigene Handlungen
★ finden in Alltagssituationen Beispiele für parallel verlaufende Linien und stellen sie dar

Zueinander parallele Linien finden

1 Überprüfe jeweils mit dem Geodreieck, ob die blaue Linie parallel zur roten Linie ist. Kreuze an.

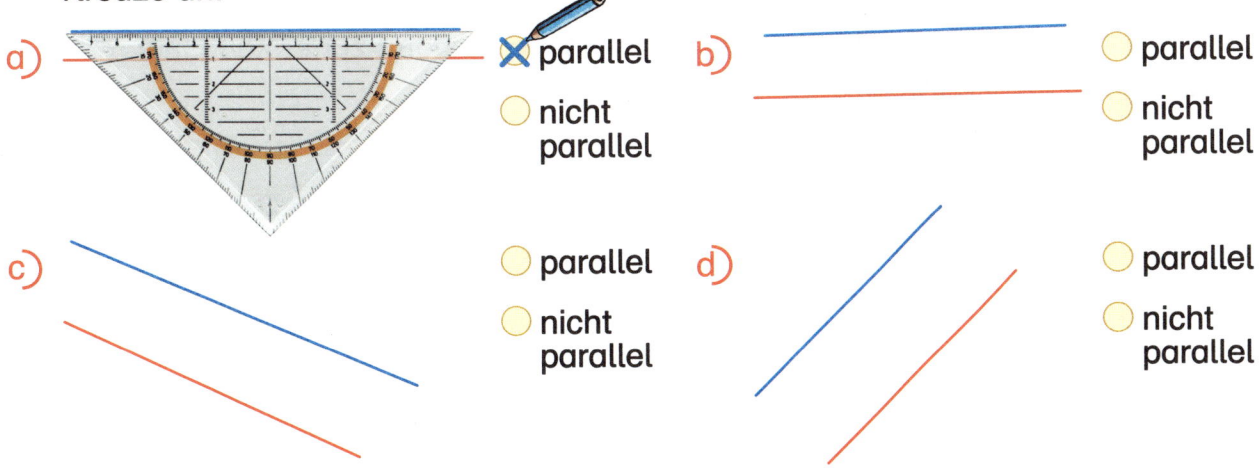

a) ☒ parallel
   ○ nicht parallel

b) ○ parallel
   ○ nicht parallel

c) ○ parallel
   ○ nicht parallel

d) ○ parallel
   ○ nicht parallel

2 Kreuze alle Linien an, die parallel zur roten Linie sind.

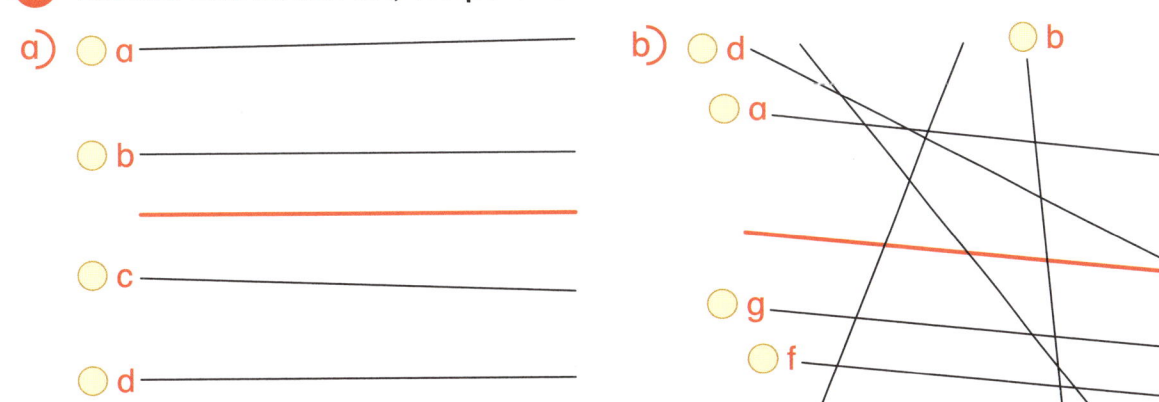

a) ○ a
   ○ b
   ○ c
   ○ d

b) ○ d
   ○ a
   ○ b
   ○ g
   ○ f
   ○ c
   ○ e

3 Vermute zuerst, ob die Linien **a** und **b** zueinander parallel sind. Kreuze blau an. Überprüfe dann mit dem Geodreieck und kennzeichne die Lösung in grün.

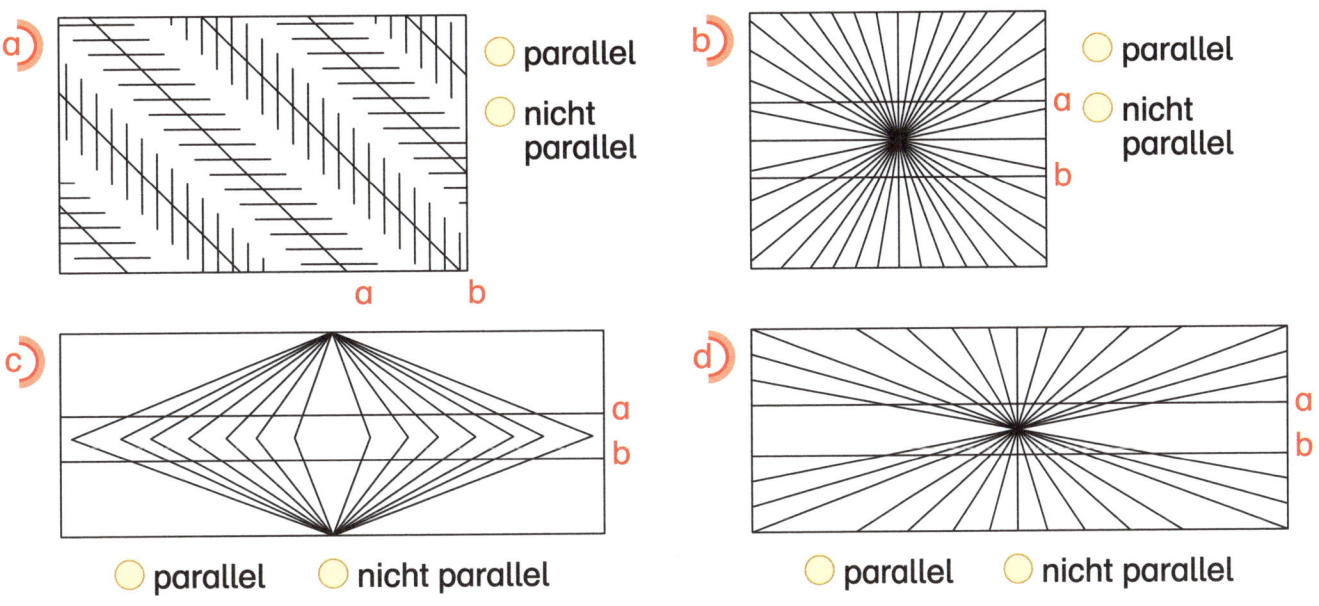

a) ○ parallel
   ○ nicht parallel

b) ○ parallel
   ○ nicht parallel

c) ○ parallel   ○ nicht parallel

d) ○ parallel   ○ nicht parallel

Zueinander parallele Linien zeichnen

1 Zeichne parallele Linien auf unterschiedliche Arten.
Verwende einen spitzen Bleistift.

a) Markiere an zwei Stellen Punkte mit dem gleichen Abstand zur ersten Linie.
Verbinde die beiden Punkte.

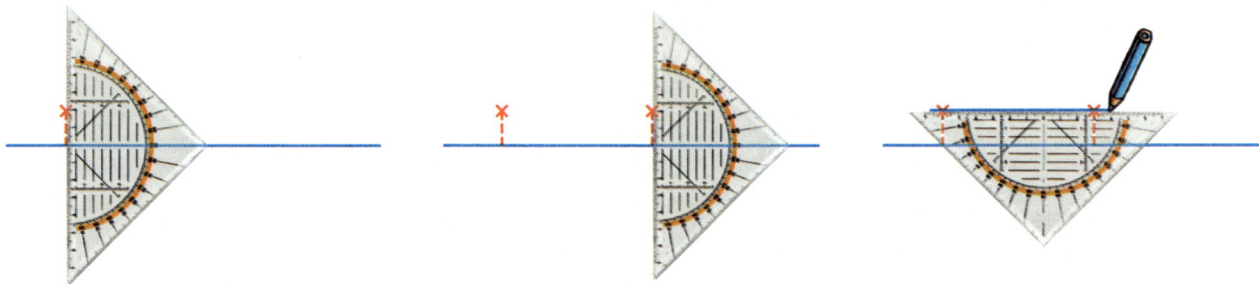

b) Verwende die parallelen Linien am Geodreieck.

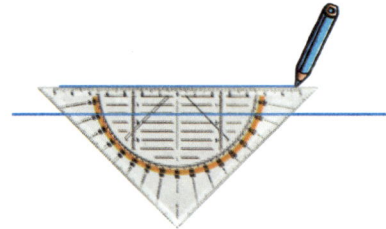

c) Verwende eine rechtwinklige Hilfslinie.

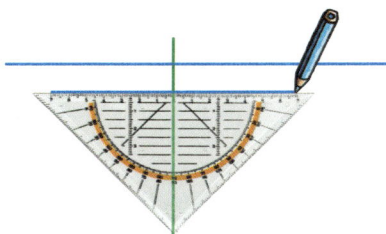

d) Verschiebe das Geodreieck am Lineal entlang.

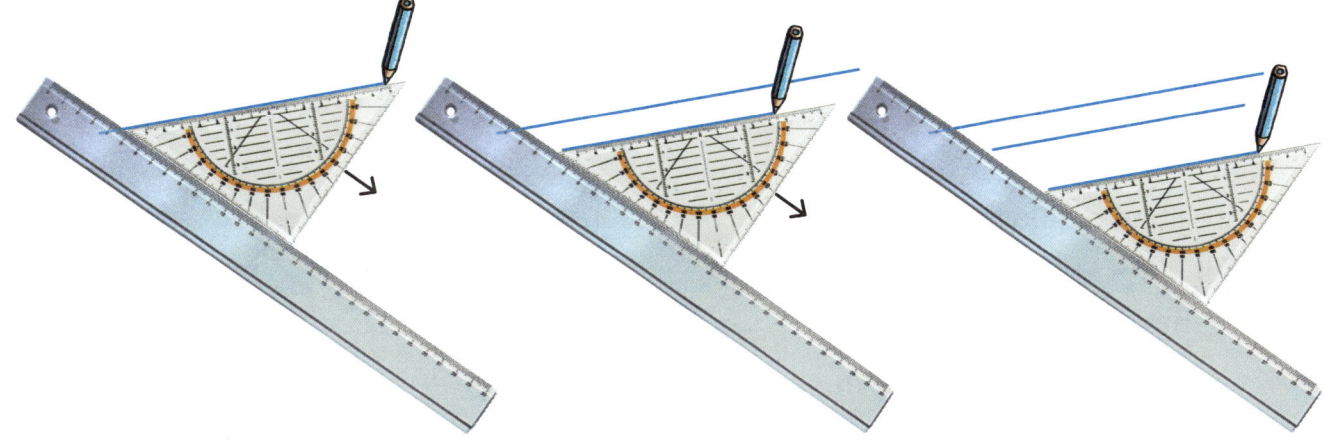

 2 Welche Möglichkeit findest du am besten? Welche ist am genauesten?
Tausche deine Überlegungen und Erfahrungen mit einem anderen Kind aus.

Mehrere zueinander parallele Linien zeichnen

1 Zeichne Muster mit parallelen Linien auf unliniertes Papier.
Benutze ein Geodreieck und einen spitzen Bleistift.

a) Muster mit schräg verlaufenden parallelen Linien

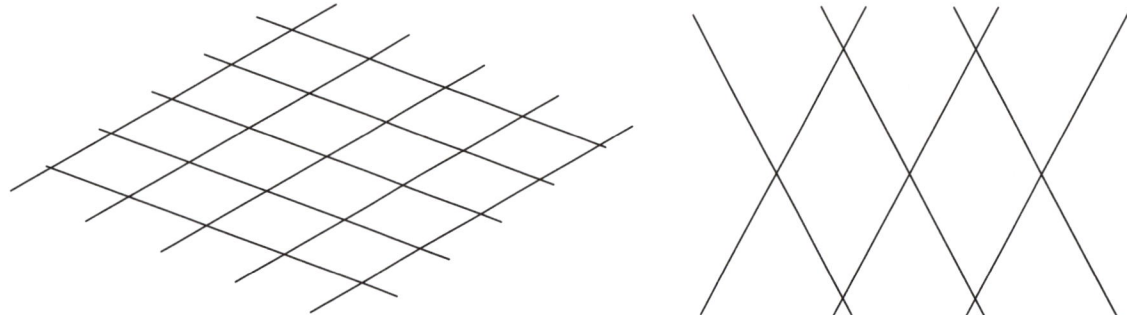

b) Muster mit zueinander senkrecht stehenden parallelen Linien

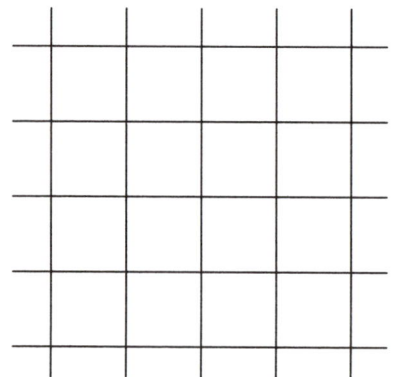
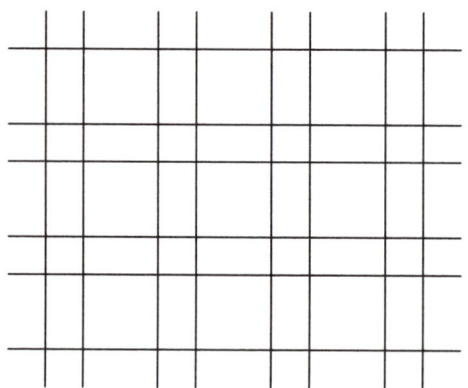

2 Zeichne auf unliniertes Papier
mehrere parallele Linien …

a) … mit dem Abstand 1 cm.

b) … mit dem Abstand 25 mm.

c) … mit dem Abstand 3,5 cm.

> Ich verwende den Abstand der parallelen Linien auf dem Geodreieck.

3 Zeichne zwei parallele Linien mit dem Abstand 5 cm.
Finde verschiedene Lösungswege.

Du kannst auch so vorgehen: Zeichne senkrecht zur ersten Linie eine 5 cm lange
Hilfslinie. Zeichne am Ende der Hilfslinie wieder
eine Linie im rechten Winkel.

40

★ zeichnen Muster mit zueinander parallelen und
senkrechten Geraden exakt mit dem Geodreieck
★ finden eigene Lösungswege

→ Ü Seiten 34 und 35

Parallele Linien finden

1 Zeichne alle Linien, die zu a parallel sind, blau nach.
Linien, die zu b parallel sind, zeichnest du rot nach.

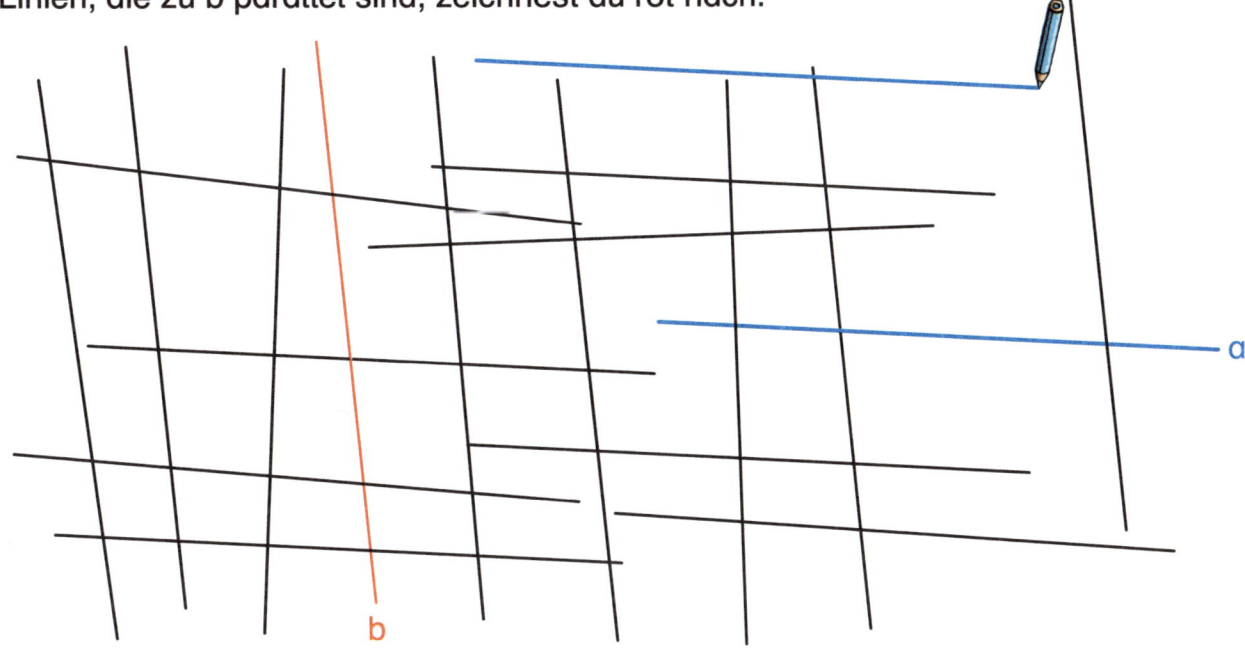

2 Zeichne parallele Linien jeweils in der gleichen Farbe nach.

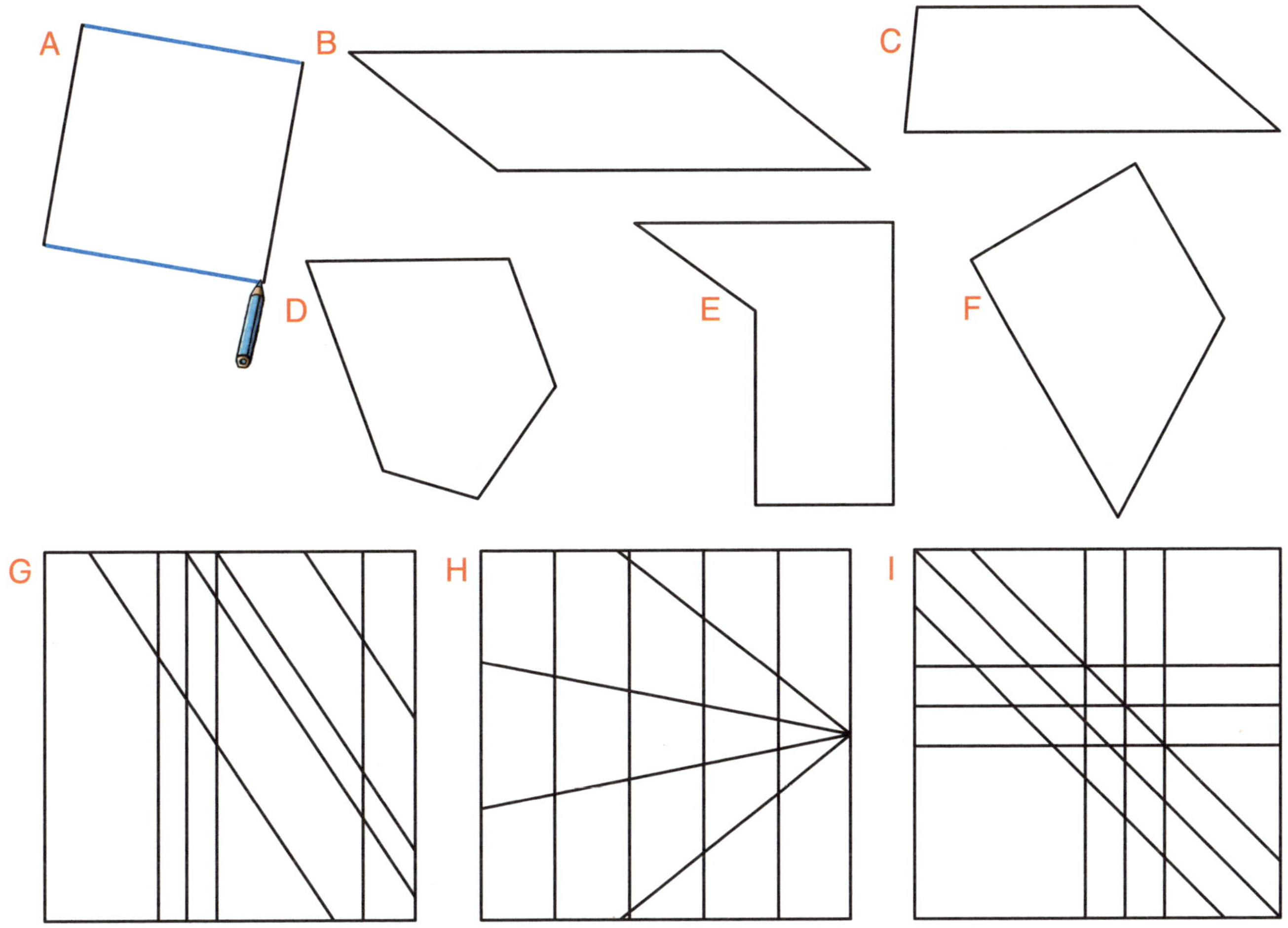

A   B   C

D   E   F

G   H   I

Parallele Linien zeichnen

1 Zeichne mit dem Geodreieck Parallelen zu den Seiten des Dreiecks, die durch die gekennzeichneten Punkte gehen.

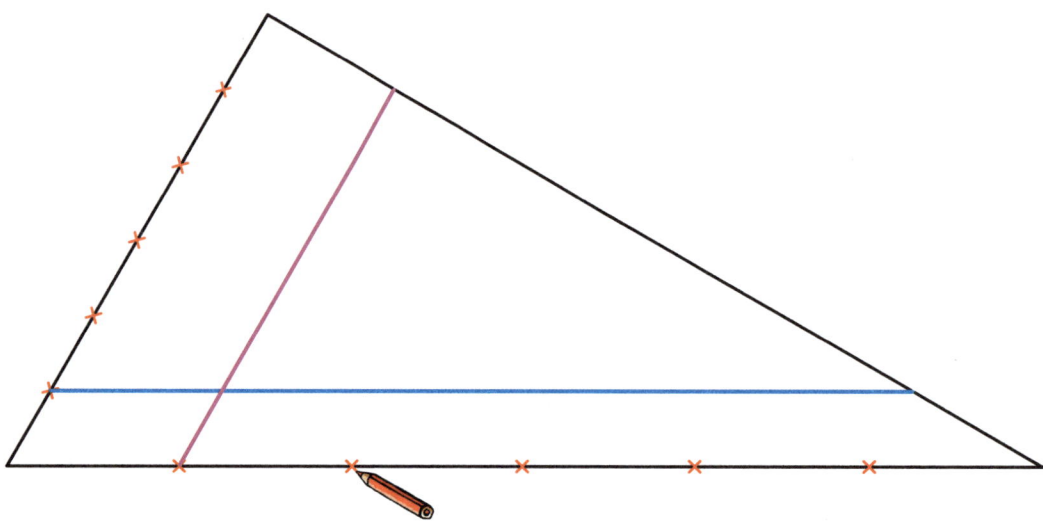

2 Zeichne mit dem Geodreieck die Parallelen im gleichen Abstand weiter.

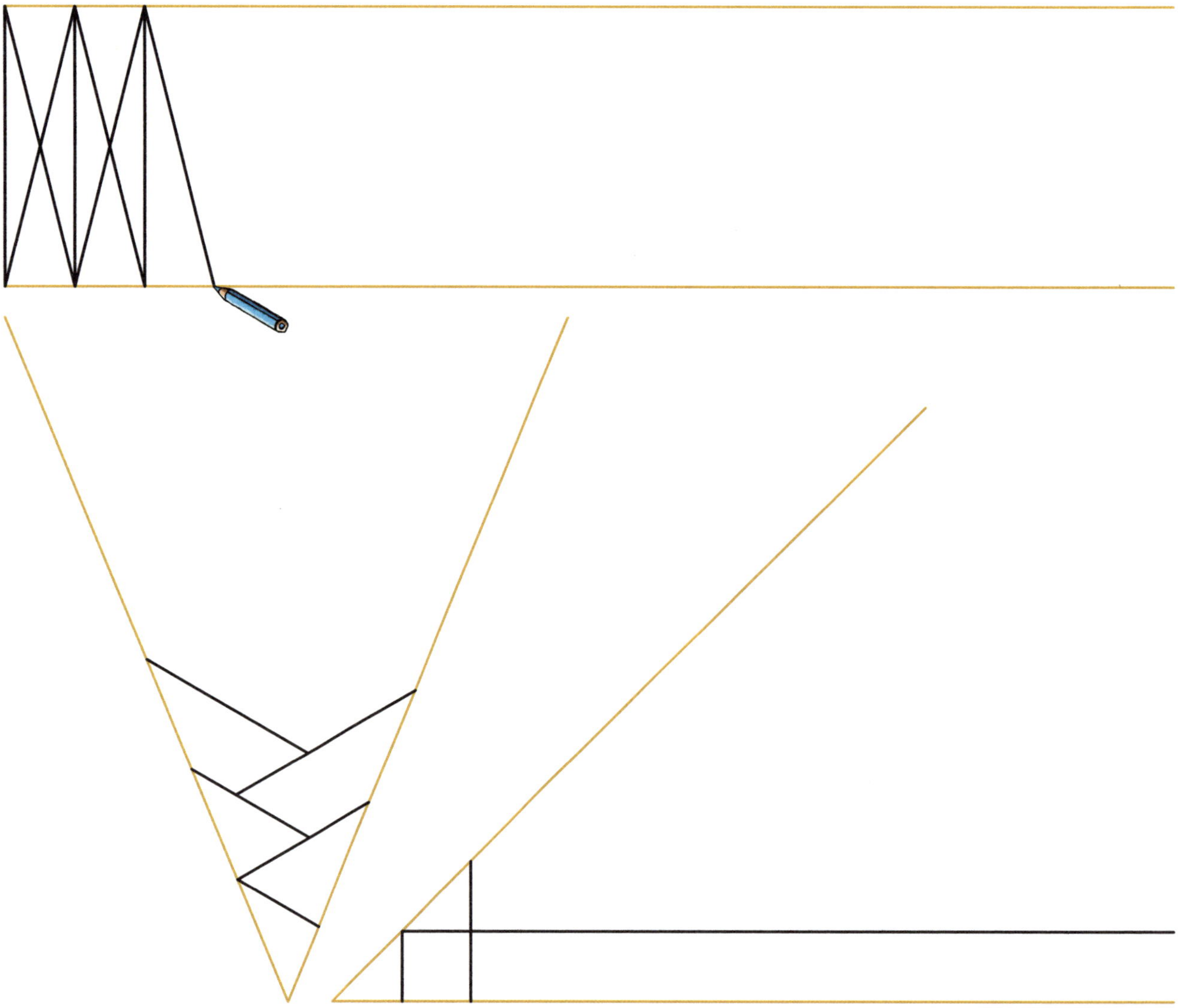

* erkennen Strukturen von vorgegebenen Mustern mit zueinander senkrecht und parallel verlaufenden Linien und setzen diese fort
* zeichnen zueinander parallele und senkrechte Geraden exakt mit dem Geodreieck

Mit Parallelen Bilder gestalten

1 Georges Vantongerloo hat in seinem Bild Rechtecke gezeichnet.
Du kannst senkrecht und parallel zueinander verlaufende Linien
entdecken.

Georges
Vantongerloo:
Komposition

 a) Besprich mit einem Partnerkind, welche Linien im Bild parallel
und welche senkrecht zueinander verlaufen.

b) Gestalte selbst ein solches Bild.

2 Übertrage die Muster auf ein unliniertes Blatt.
Benutze beim Zeichnen dein Geodreieck.
Male die Muster farbig aus.

a) 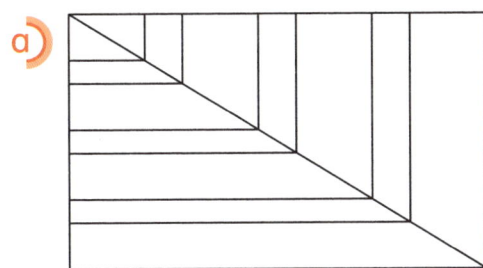   **b)**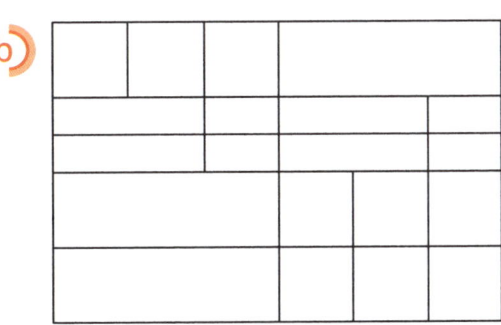

 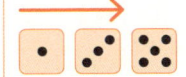   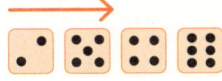   

1 Beantworte die Fragen gemeinsam mit einem anderen Kind.

a) Welche Balken im Fachwerk dieser Häuser sind parallel zueinander? Zeigt euch gegenseitig solche Balken.

b) Welche Aufgabe haben die Balken, die senkrecht von unten nach oben laufen? Sprecht über eure Vermutungen.

c) Einige Balken sind schräg eingebaut. Warum? Sprecht über eure Vermutungen.

d) Wie viele Stockwerke haben die Häuser? Woran könnt ihr das erkennen?

e) Wie stehen die Balken zueinander, wenn es rechte Winkel gibt?

2 Zeichne selbst Fachwerkhäuser.

a) Zeichne mit dem Geodreieck einen Ausschnitt aus einem der Fachwerkhäuser oben.

b) Zeichne ein eigenes Fachwerkhaus. Wenn du möchtest, kannst du es anschließend mit dem Geodreieck genau zeichnen.

* wenden ihre mathematischen Kenntnisse, Fähigkeiten und Fertigkeiten
bei der Bearbeitung herausfordernder und unbekannter Aufgaben an
* stellen zwischen zwei- und dreidimensionalen Darstellungen von räumlichen Gebilden Beziehungen her

1 Lege dein Geodreieck so wie in der Abbildung auf die Symmetrieachse.
Besprich mit einem anderen Kind, was dir auffällt, wenn du die Eckpunkte
der beiden Figuren betrachtest.

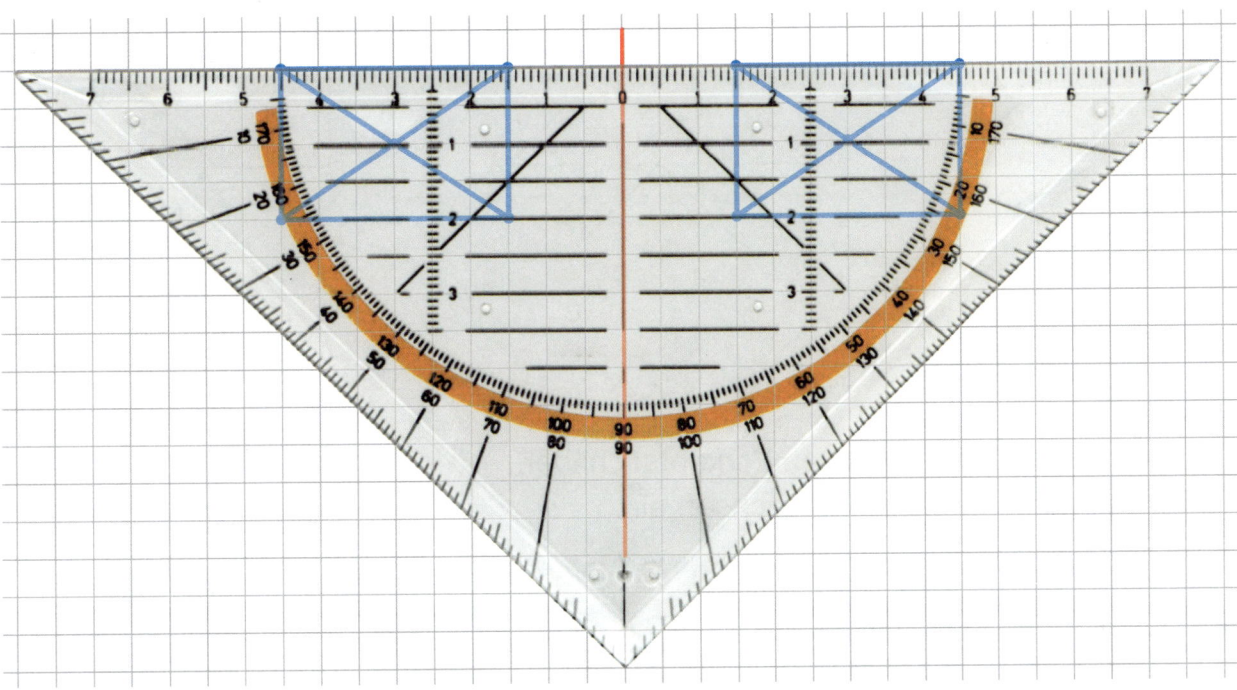

2 Zeichne die Figuren in dein Heft. Beginne mit den
Eckpunkten. Bestimme dann mit dem Geodreieck,
wo die Symmetrieachse zwischen den Figuren verläuft.

a)

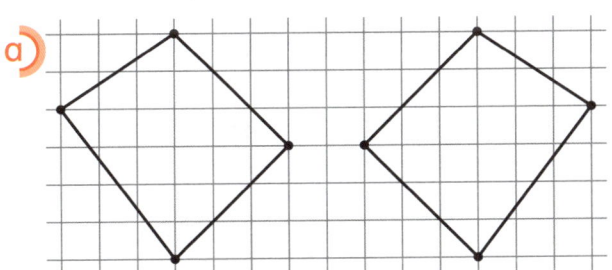

Seite 45 Aufgabe 2

a)   ...

b)

c)

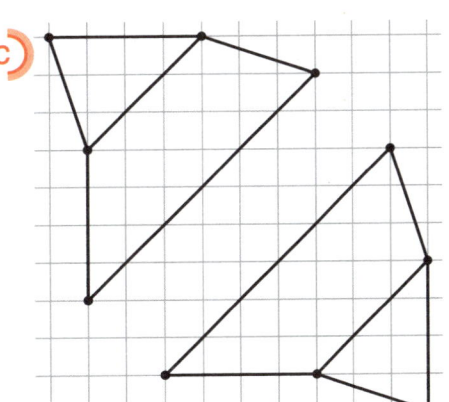

★ zeichnen mithilfe des Geodreiecks Symmetrieachsen ein   **45**

1 Zeichne alle möglichen Symmetrieachsen ein. Verwende das Geodreieck.

a) 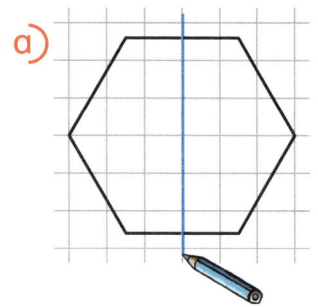 b) 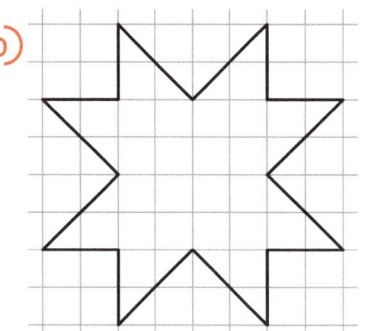 c)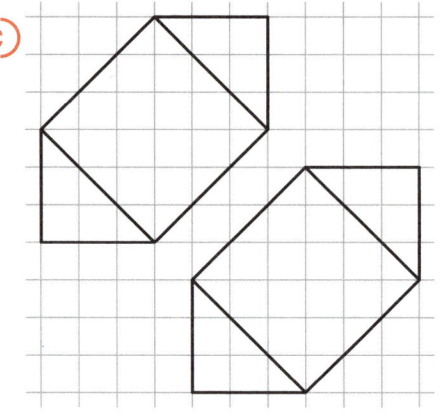

2 Umkreise die symmetrischen Verkehrsschilder.
Zeichne dann die Symmetrieachsen ein.

3 Schreibe unter die Flaggen, die du kennst, das Land, zu dem sie gehören.
Trage in die Kästchen die Anzahl der Symmetrieachsen ein. Zeichne sie ein.

  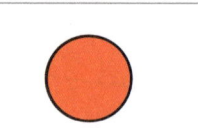

★ erkennen spiegelsymmetrische Figuren
★ zeichnen Symmetrieachsen ein

Mit dem Geodreieck die Spiegelfigur zeichnen

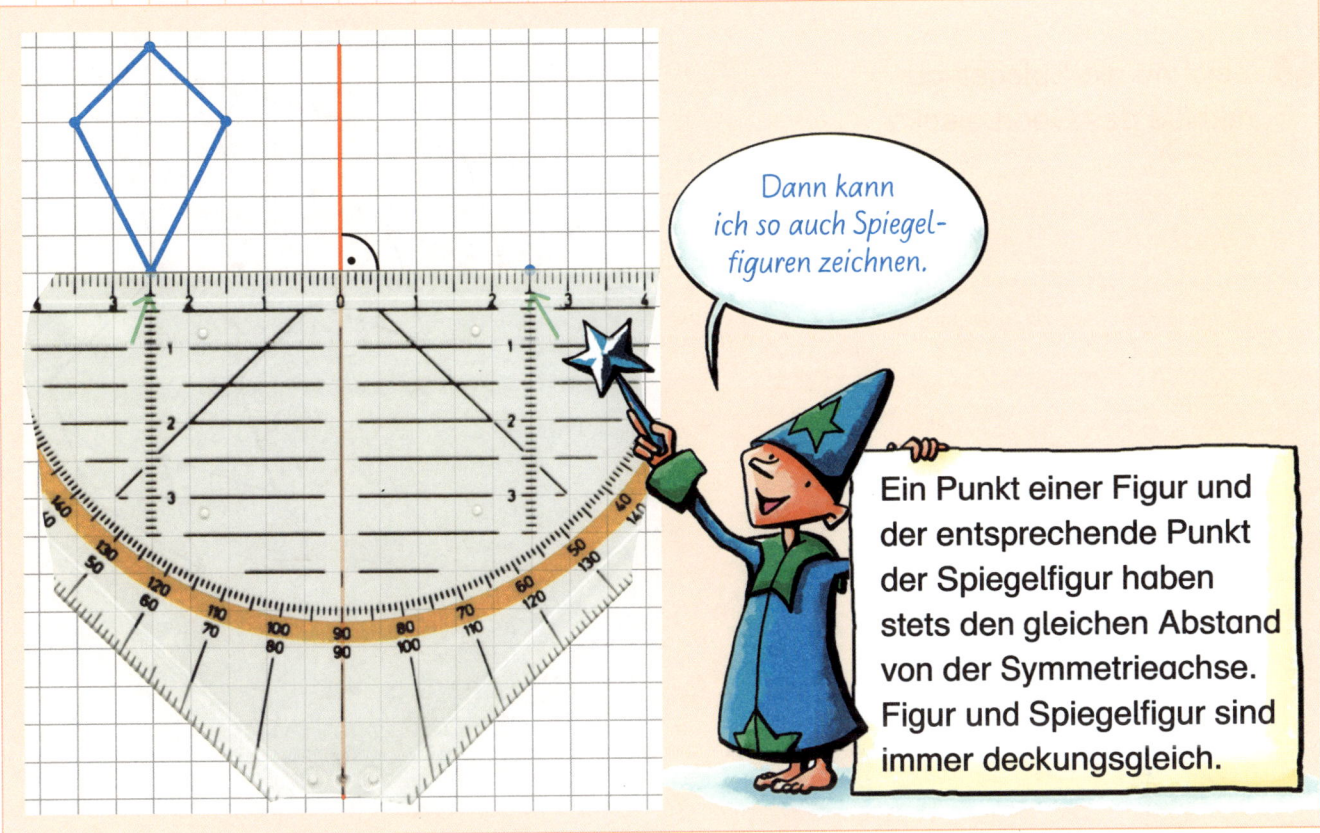

Dann kann ich so auch Spiegelfiguren zeichnen.

Ein Punkt einer Figur und der entsprechende Punkt der Spiegelfigur haben stets den gleichen Abstand von der Symmetrieachse. Figur und Spiegelfigur sind immer deckungsgleich.

1 Zeichne die Spiegelfigur mithilfe des Geodreiecks.

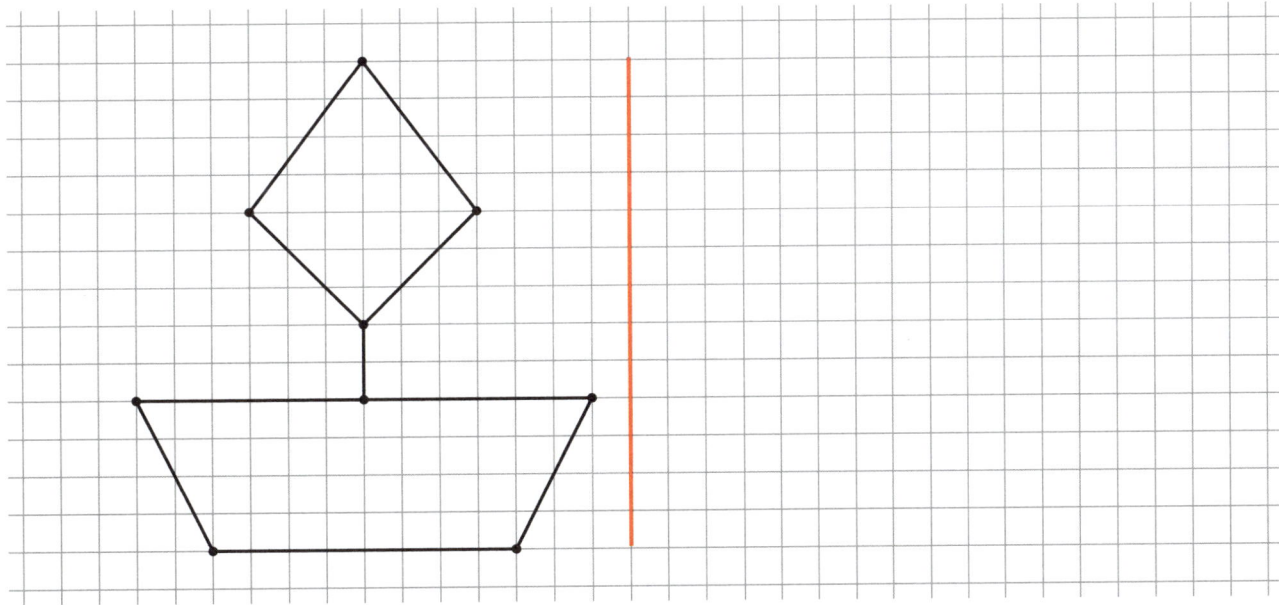

 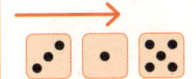   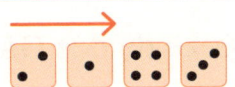   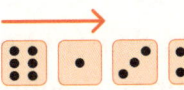

→ Ü Seite 36   ★ zeichnen die Spiegelfiguren mithilfe des Geodreiecks

1 Zeichne die Spiegelfigur
mithilfe des Geodreiecks.

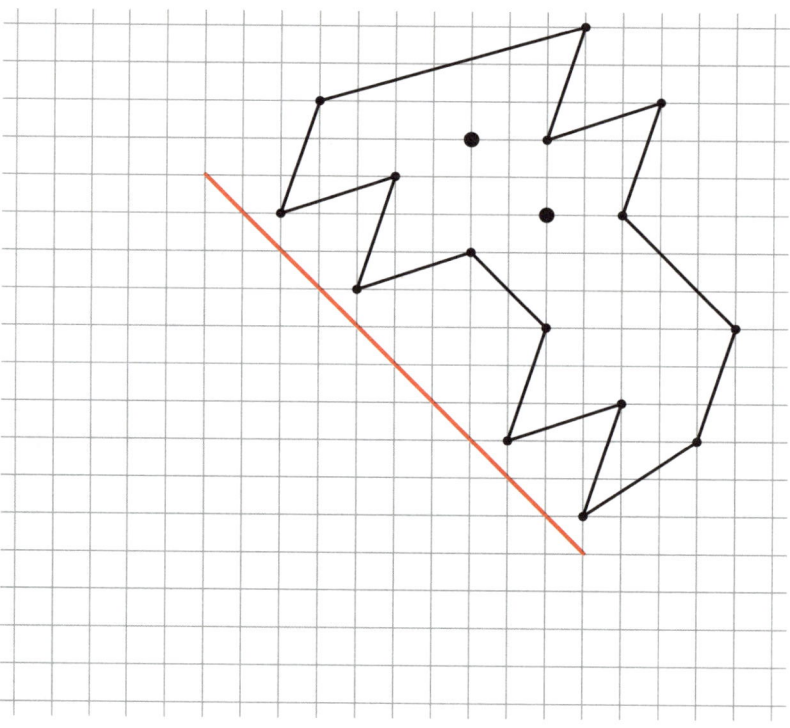

 2 Zeichne auf die gleiche Art eine Figur und ihr Spiegelbild.
Erkläre einem anderen Kind, warum die Figuren deckungsgleich sind.

3 Schreibe in deinem Lerntagebuch auf, wozu du das Geodreieck
nutzen kannst. Zeichne Beispiele dazu.

* erzeugen Figuren und deren Spiegelbilder

An zwei Achsen nacheinander spiegeln

Spiegle die Figur zuerst an der roten Achse. Spiegle dann die Spiegelfigur an der blauen Achse. Beschreibe deine Vorgehensweise einem anderen Kind.

a)
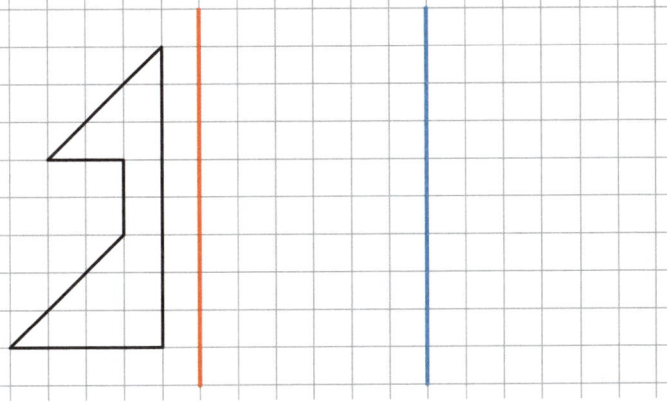

b)
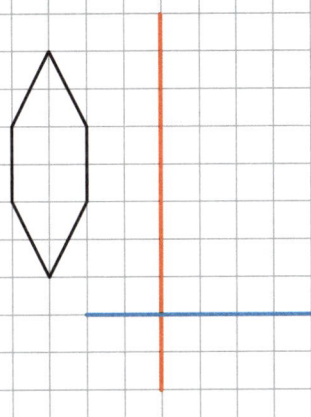

c)
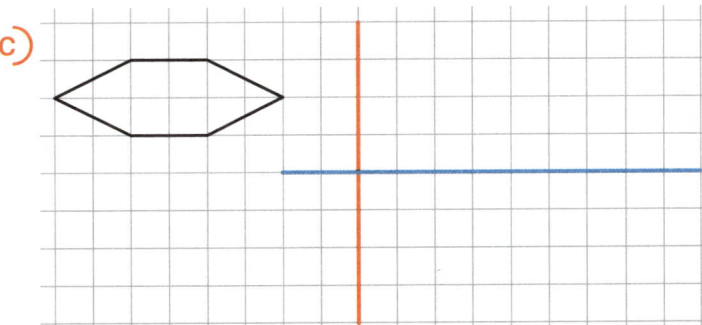

d)
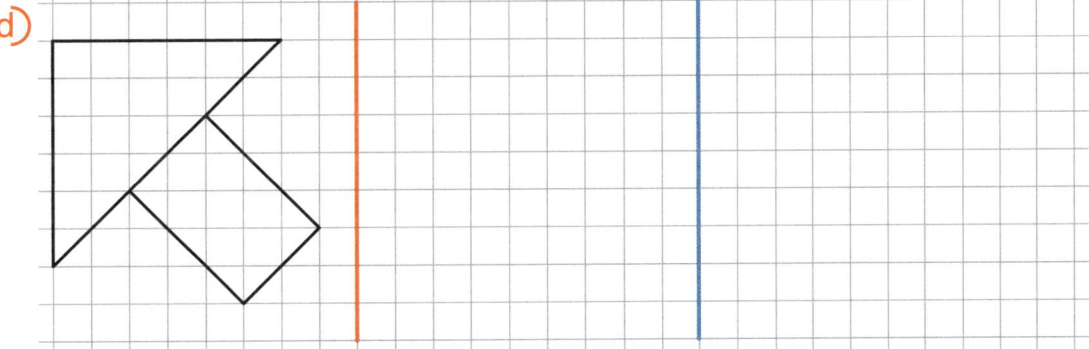

e) Erfinde selbst eine Figur, die du an zwei Achsen nacheinander spiegelst.

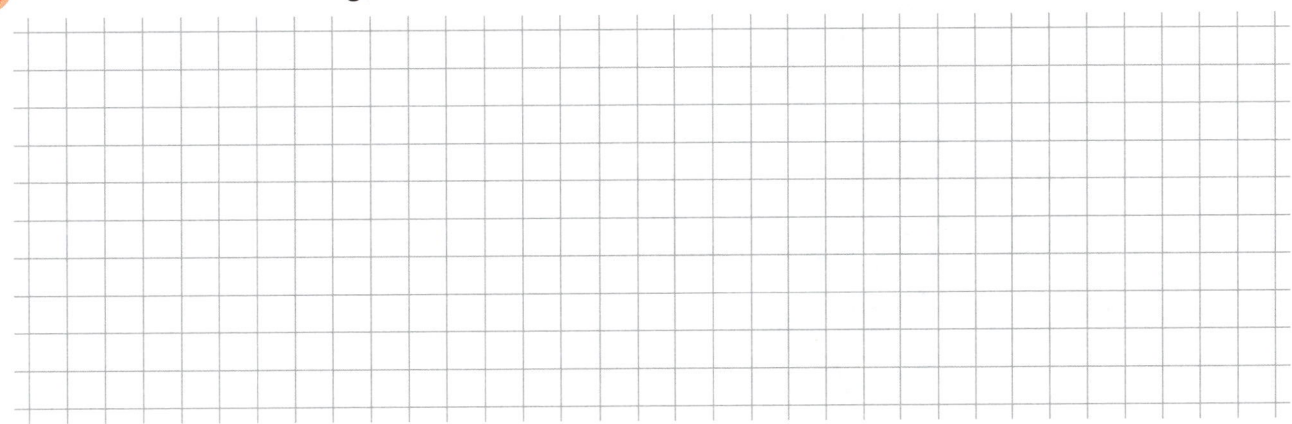

* beschreiben die Beziehung zwischen einer Figur und deren Spiegelbild
* erzeugen (achsensymmetrische) Figuren und deren Spiegelbilder und beschreiben ihre Vorgehensweise

49

An mehreren Achsen nacheinander spiegeln

1 Spiegle die Figur zuerst an der roten Achse.
Spiegle dann die Spiegelfigur an der grünen Achse.
Fahre so fort und spiegle auch an der blauen und
orangefarbenen Achse.

a)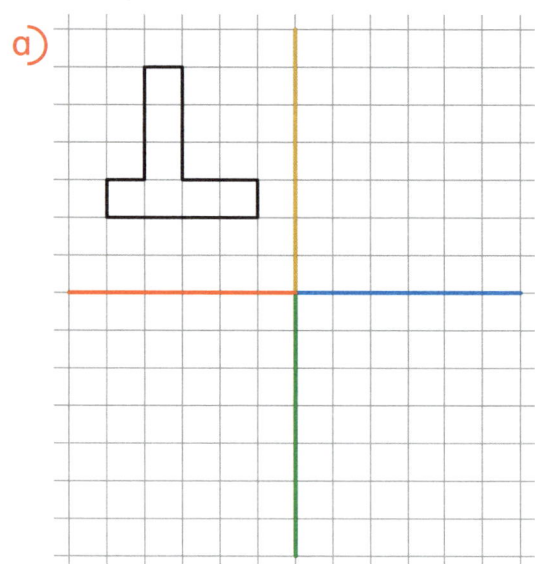

b)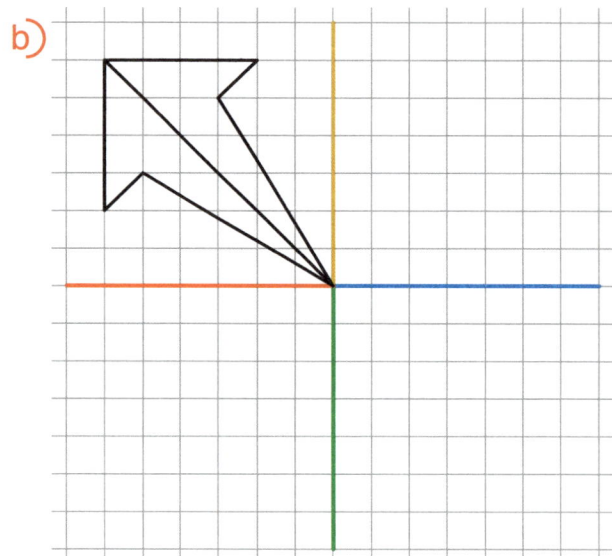

Drehpunkt

*Statt zu spiegeln,
kann ich die Figur auch
um den Drehpunkt drehen.
Dann entsteht zum Schluss
das gleiche Bild.*

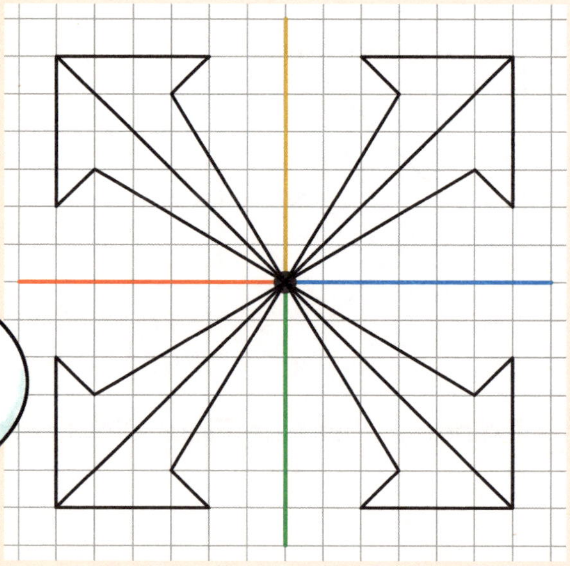

★ erzeugen komplexere symmetrische Figuren durch nacheinander ausgeführte Spiegelungen an senkrecht
aufeinanderstehenden Symmetrieachsen, nutzen dabei die Eigenschaften der Achsensymmetrie
★ erkennen den Zusammenhang zwischen Achsen- und Drehsymmetrie

Symmetrische Figuren zeichnen

1 Spiegle die Figur zuerst an der roten Achse. Spiegle die Spiegelfigur dann an der blauen Achse und die neue Spiegelfigur noch einmal an der grünen Achse.

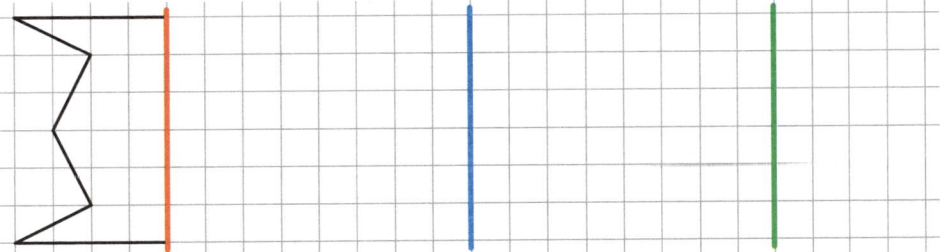

2 Spiegle zuerst an der roten Achse. Spiegle dann alles an der blauen Achse.

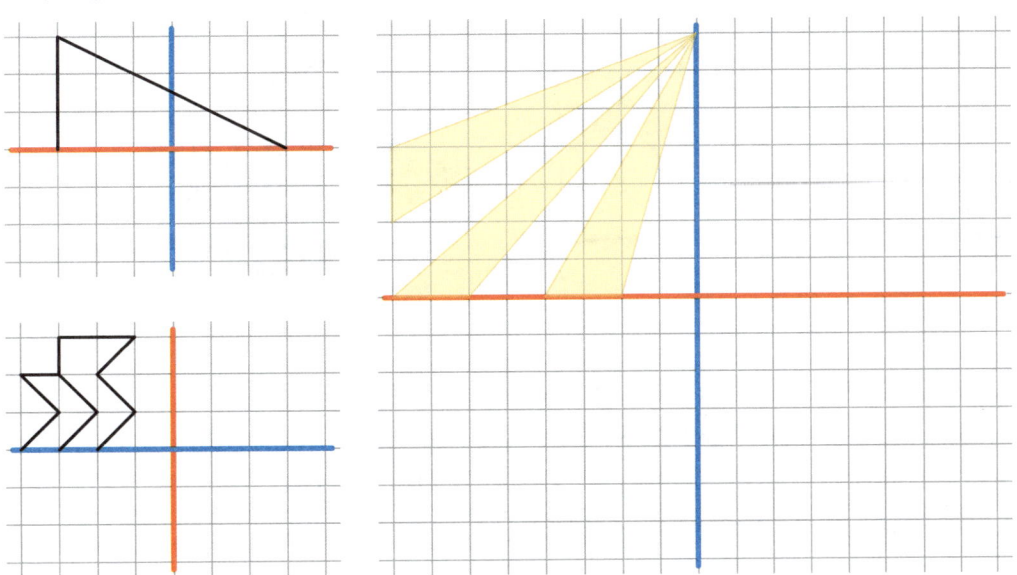

3 Spiegle die Figuren zuerst an der roten Achse.
Spiegle die Spiegelfigur dann an der grünen Achse.
Fahre so fort und spiegle der Reihe nach an allen weiteren Achsen.

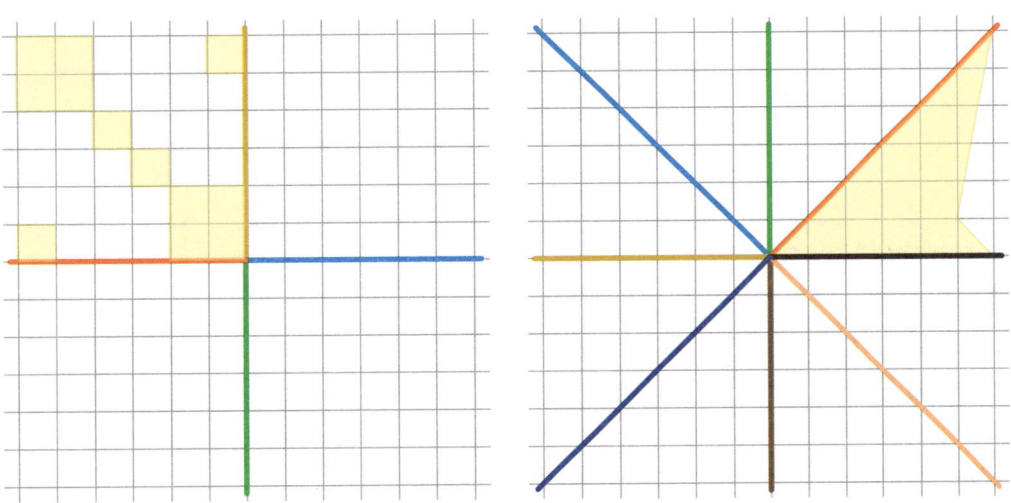

*erzeugen komplexere symmetrische Figuren durch nacheinander ausgeführte Spiegelungen

Drehsymmetrische Figuren erzeugen

1 Schneide aus Pappe ein rechtwinkliges Dreieck aus. Drehe es um den Drehpunkt. Zeichne mit ihm rechtwinklige Dreiecke wie auf den Bildern zu sehen.

a) b) c)

Jetzt ist eine drehsymmetrische Figur entstanden.

d) e)

2 Übertrage mindestens zwei der Figuren auf kariertes Papier, klebe sie auf dünnen Karton und schneide sie aus. Zeichne nun auf unliniertem Papier drehsymmetrische Figuren wie in Aufgabe **1**, indem du die Figuren schrittweise um den Drehpunkt drehst.

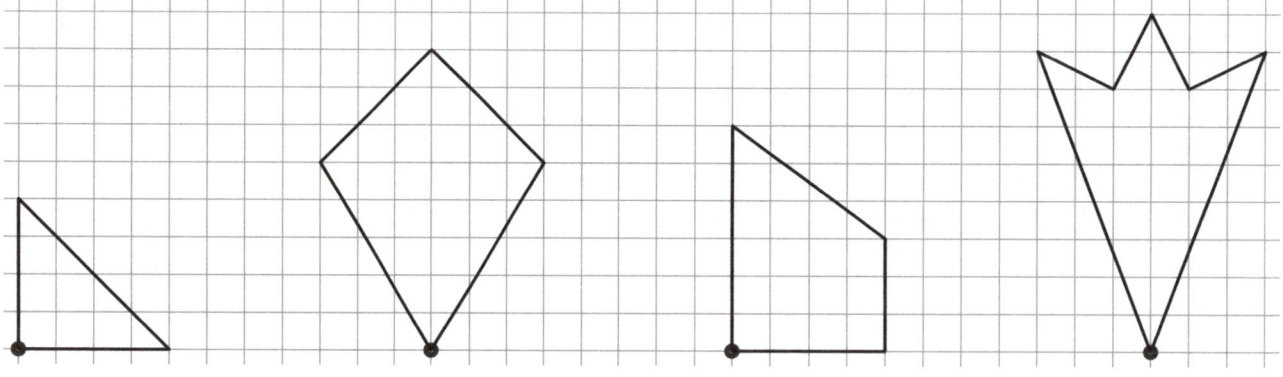

3 Zeichne dieses rechtwinklige Dreieck auf Karton und schneide es aus. Verwende das ausgeschnittene Dreieck als Schablone und zeichne solche Windräder.

2,3 cm

4 cm

★ entnehmen bildlichen Darstellungen relevante Informationen und übertragen sie in eigene Handlungen
★ übertragen erprobte Vorgehensweisen auf ähnliche komplexere Sachverhalte

Drehsymmetrische Figuren haben einen Drehpunkt. Beim Drehen um diesen Punkt passt die Figur immer wieder genau auf die Ausgangsfigur.

 1 Betrachte die folgenden drehsymmetrischen Figuren und überlege, wo der Drehpunkt ist. Besprich deine Ergebnisse mit anderen Kindern.

2 Suche weitere Beispiele für drehsymmetrische Figuren in deiner Umwelt. Zeichne oder fotografiere sie. Stelle mit ihnen ein Poster her.

3 Untersuche auch Zahlen und Buchstaben. Schreibe die drehsymmetrischen auf.

Seite 53 Aufgabe 3
...

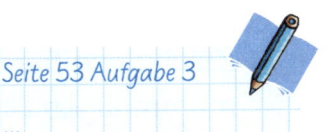

★ betrachten Darstellungen der Umwelt gemeinsam mit anderen Kindern
und untersuchen sie hinsichtlich der Eigenschaften der Drehsymmetrie
★ bestimmen den Drehpunkt und ziehen Eigenschaften der Drehsymmetrie zur Beschreibung heran

Drehsymmetrische Figuren erkennen und zeichnen

Figuren, die nur nach einer vollen Drehung um einen Drehpunkt wieder genau auf die Ausgangsfigur passen, sind nicht drehsymmetrisch.

1 Stelle die Figuren wie auf Seite 52 selbst her. Stecke jeweils eine Nadel durch den eingezeichneten Drehpunkt. Stelle dann durch Drehen fest, welche der Figuren drehsymmetrisch sind.

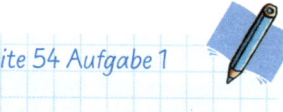

Seite 54 Aufgabe 1

A: ...

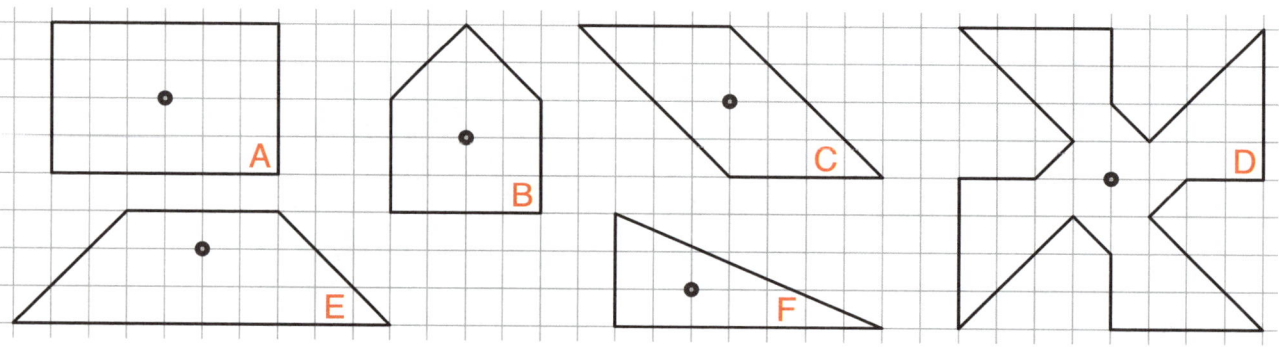

2 Drehe jede Figur dreimal hintereinander eine Vierteldrehung. Stelle die entstehende Figur Stück für Stück in einer Zeichnung dar.

a)

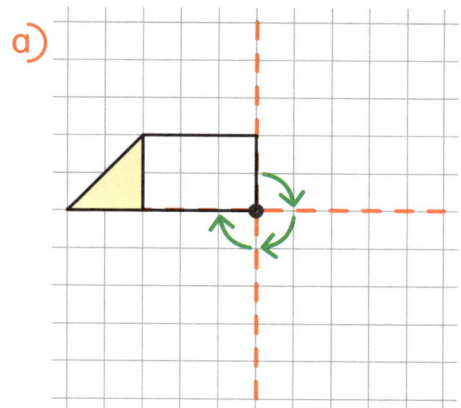

b)

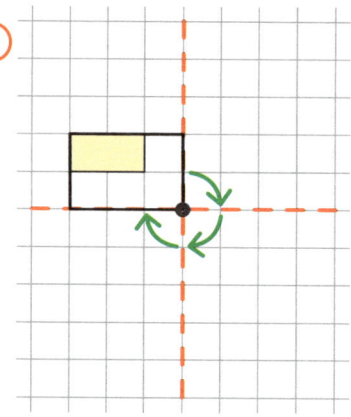

Seite 54 Aufgabe 2

a)   ...

3 Zeichne selbst eine Ausgangsfigur, mit der du durch mehrmaliges Drehen eine drehsymmetrische Figur erzeugst.

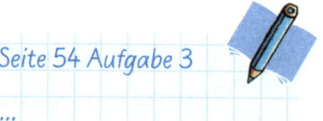

Seite 54 Aufgabe 3

...

★ überprüfen vorgegebene Figuren auf Drehsymmetrie, nutzen dafür die Eigenschaften der Drehsymmetrie
★ ergänzen Teile von drehsymmetrischen Figuren zu vollständigen drehsymmetrischen Figuren
★ übertragen bekannte Vorgehensweisen und Kenntnisse auf eigene Figuren

Drehsymmetrische Figuren zeichnen

1 Ergänze jede Figur so, dass sie drehsymmetrisch wird.
Die neue, drehsymmetrische Figur soll den eingezeichneten Drehpunkt haben.

a)
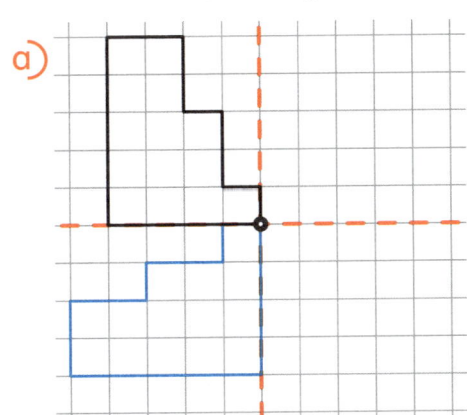

b)
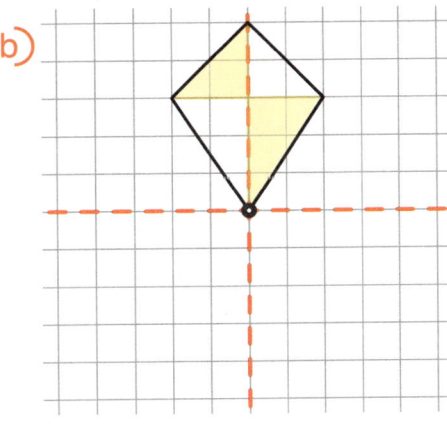

2 Die Gesamtfigur soll drehsymmetrisch werden.
Trage die Buchstaben der Teilfiguren am richtigen Platz ein. Ein Teil bleibt übrig.

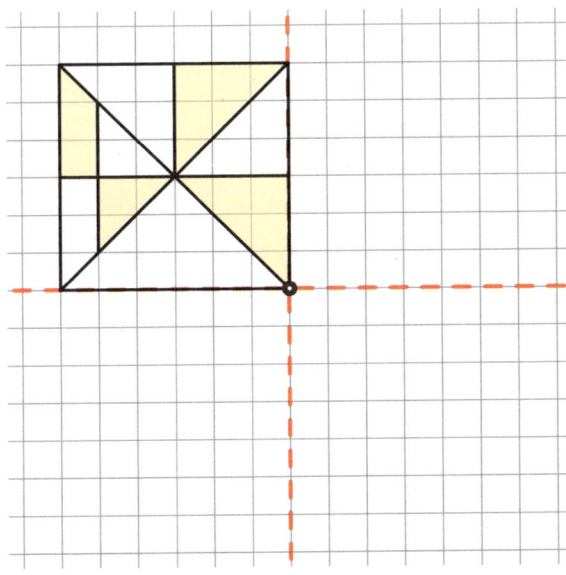

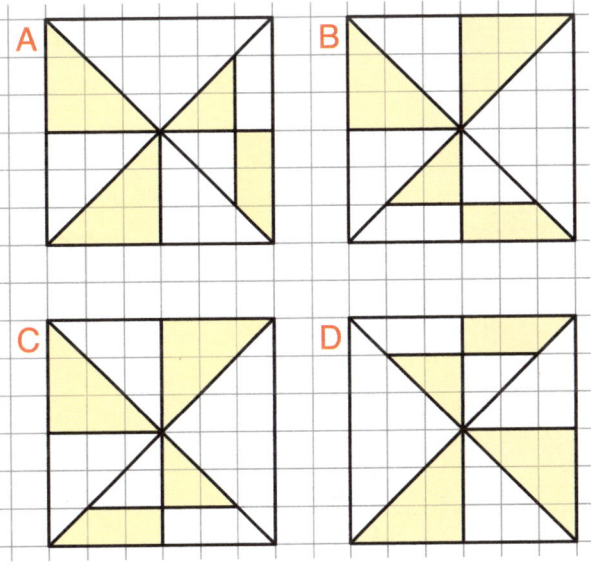

3 Färbe die Figur so, dass sie drehsymmetrisch bleibt.

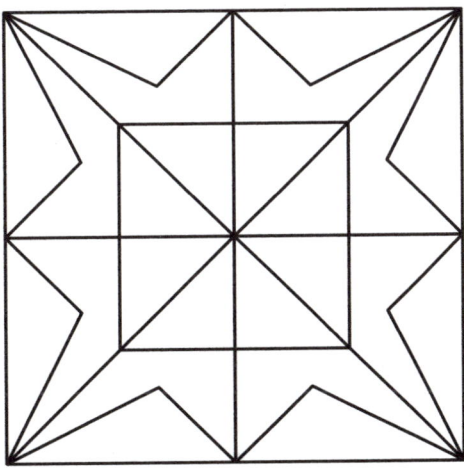

Achsen- und drehsymmetrische Figuren unterscheiden

1 Ordne den Figuren passend zu:

A achsensymmetrisch B drehsymmetrisch
C achsen- und drehsymmetrisch D nicht symmetrisch

 C

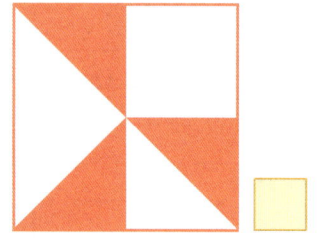

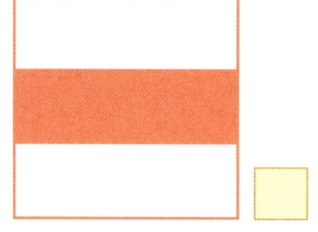

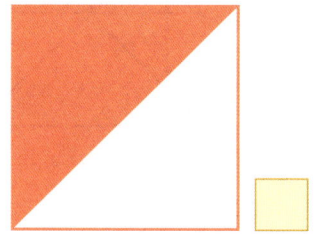

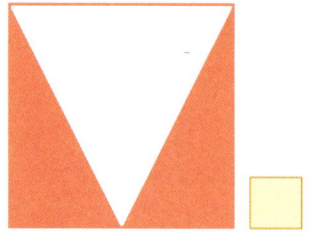

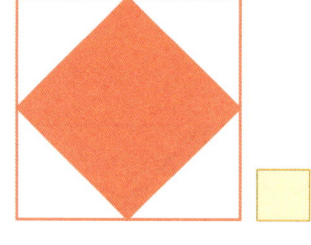

★ erkennen und unterscheiden achsen- und drehsymmetrische Figuren